Meike Dinklage

Beim zweiten Hund wird alles anders

Meike Dinklage

BEIM ZWEITEN HUND WIRD ALLES ANDERS

Vom Glück,
im Rudel zu leben

Kösel

Sollte diese Publikation Links auf Webseiten Dritter enthalten, so übernehmen wir für deren Inhalte keine Haftung, da wir uns diese nicht zu eigen machen, sondern lediglich auf deren Stand zum Zeitpunkt der Erstveröffentlichung verweisen.

MIX
Papier aus verantwortungsvollen Quellen
FSC® C083411

Verlagsgruppe Random House FSC® N001967

Umschlag: Weiss Werkstatt, München
Umschlagmotive: Meike Dinklage; © shutterstock/clapoud
Bildteil: © Meike Dinklage, mit Ausnahme des
Fotos auf Seite 1 © Debra Bardowicks
Klappen innen: © Meike Dinklage, mit Ausnahme des Fotos
U2 unten © Wallichs
Satz: Uhl + Massopust, Aalen
Druck und Bindung: CPI books GmbH, Leck
Printed in Germany
ISBN 978-3-466-34692-9
www.koesel.de

Dieses Buch ist auch als E-Book erhältlich.

Für Sven

INHALT

WARUM IM RUDEL LEBEN?

Drei Wochen, nachdem unser zweiter Hund Fee zu uns ins Haus gekommen war, lag ich meinem Mann heulend in den Armen. Ich war sicher, dass ich einen furchtbaren Fehler gemacht hatte: einen zweiten Hund anzuschaffen und völlig ohne Not unser unkompliziertes Leben aufzugeben, das wir mit Ersthund Sam geführt hatten. Jetzt lag Sam, fünf Jahre alt, traurig auf seiner Decke und beobachtete mit waidwundem Lassie-Blick das kleine, seltsame Ding, das einfach nicht mehr aus seinem Leben verschwinden wollte. Und Fee, elf Wochen alt und so ängstlich, dass sie nicht eine Pfote vor die Haustür setzen mochte, pinkelte, weil sie auch noch eine Blasenentzündung hatte, aufs Parkett und verkroch sich ansonsten in ihrer Box.

Das war nicht das, was ich mir vorgestellt hatte. Ich wollte zwei gut gelaunte Collies, die unbeschwert über den Hamburger Elbstrand tollten; herrliche, zufriedene Hunde, die in einem von meinem Mann und mir geordneten Rudel ihren Platz und ihr Glück fanden. Ja, das ist Zweithund-Romantik. Und ich war ihr erlegen. Ich dachte, dass sich beim zweiten Hund das Glück automatisch verdoppelt.

Deshalb hatte ich meinem Mann das Ja zum zweiten Hund abgerungen, er war zögerlich gewesen, weil er deutlich weniger zu Verklärung neigt als ich. Aber ich wollte unbedingt. Ich hatte mir gesagt, dass ich beim ersten Hund so viel über Verhalten und Erziehung gelernt hatte, dass beim zweiten eigentlich nichts mehr schiefgehen konnte.

In Wahrheit ist es so: Beim zweiten Hund ist wirklich alles anders, auf eine unvorhersehbare, tendenziell chaotische Weise. Das hat mit Rudeldynamik zu tun und damit, dass der zweite Hund seinen eigenen Charakter und seine eigenen Macken mitbringt und einen vor ganz neue Herausforderungen stellt, auf die man sich nicht vorbereiten kann. Außerdem verdoppeln sich die Arbeit und all die Dinge, über die man sich als Hundehalter Gedanken machen muss – Zeit, Geld, Pflege –, während sich die eigenen Freiheiten halbieren. Einen Hund kann man im Urlaub noch weg-organisieren oder mit ins Ferienhaus schmuggeln – aber zwei? Ein Hund liegt im Restaurant unauffällig unterm Tisch, zwei dagegen liegen irgendwie immer im Weg. Kein Vermieter klatscht vor Freude in die Hände, wenn man im Hundepulk zur Besichtigung erscheint, und so trendig auch das Mitbringen seines Hundes zur Arbeit ist: *ein* Hund ist der süße Bürohund, den alle zauberhaft finden, *zwei* jedoch sind eine Meute, die für Kollegen wie Vorgesetzte die Frage aufwerfen, ob man mit ihnen im Schlepptau überhaupt noch zum Arbeiten kommt.

Aber das blendet man aus. Man blickt sich in der Wohnung um, denkt, »hier ist doch noch Platz«, denkt: »Hunde sind Rudeltiere, der Ersthund freut sich sicher«, denkt: »Spazierengehen muss ich ja sowieso«, und ruft den Züchter an oder verliebt sich beim Durchklicken der Tierschutzseiten in ein Augenpaar aus Spanien und kann nicht anders.

Vielen Hundehaltern geht es so, ich kenne kaum einen Menschen mit Hund, der nicht wenigstens zeitweilig schon einmal mit dem Gedanken gespielt hat, sich noch einen zweiten Hund anzuschaffen. In den Parks, auf den Freilaufwiesen, in den Hundeschulen scheinen die Besitzer von mehreren Hunden inzwischen schon in der Überzahl.

Es gibt dafür gute Gründe. Hunde sind Sozialpartner, Familienmitglieder, und weil es den Menschen glücklich macht, in Gesellschaft zu leben, aber viele nicht die Zeit oder die Lebensumstände oder auch das Interesse daran haben, sich ständig mit Freunden und Großfamilie zu umgeben, sind es eben die Hunde, die das Dasein komplett machen und vor der Einsamkeit bewahren. Und je mehr Hunde, desto reicher fühlt sich das Leben an. Hunde machen es ihren Leuten leicht, sich mit ihnen wohlzufühlen, nach 30 000 Jahren Anpassung an den Menschen haben sie sehr feine Sensoren für dessen Bedürfnisse entwickelt, und das Bedürfnis der Menschen heute, in dieser auseinanderfallenden, digitalisierten, komplizierten Welt lautet: Frag nicht, bewerte nicht, sei einfach mein Freund.

Dazu kommt der Trend zum reduzierten, natürlichen Leben. Hunde repräsentieren ein Stück Ursprünglichkeit, das viele Menschen im Alltag vermissen. Lässt man die Hunde mit ihresgleichen leben, dann, so hoffen viele Hundehalter, erlebt man noch mehr von dieser rohen, archaischen, wölfischen Urkraft.

Und dann gibt es noch die Moden. Es ist zurzeit einfach schick, zwei Hunde an der Leine zu führen. Entweder zwei derselben Rasse, weil das das Zusammengehörigkeitsgefühl stärkt, nach innen, weil sich Hunde derselben Rasse einfach leichter verstehen, und nach außen, weil es signalisiert: Mensch und Rasse passen einfach zusammen. Oder zwei und mehr aus dem Tierschutz, was zwar optisch heterogen ist, aber erkennen lässt, dass hier ein kleines Team zueinandergefunden hat, das sich umeinander sorgt und zusammenhält.

Daneben gibt es eine ganze Reihe individueller Gründe; manche so banal oder irrational wie etwa der meinige. Ich hatte einfach das Gefühl, ich sei innerlich an meinem ersten Hund so gereift, dass ich nun einen zweiten mühelos und zur Freude aller Beteiligten in unser Leben integrieren könnte.

Beim zweiten Hund wird alles anders, und meine Collies Sam und Fee sind dafür ein gutes Beispiel. Nichts, gar nichts ist glatt gelaufen, nichts war, wie ich es vorher geplant oder mir ausgemalt hatte. Ich habe nicht nur einmal geheult, aus Überforderung, Frust, Ratlosigkeit.

Inzwischen sind wir natürlich dickste Freunde, und Sam und Fee sind die besten Lehrer, die ich mir hätte wünschen können, mein Familienrudel, meine besten Hundekumpel: ein sanfter, selbstbewusster Beau und eine kleine, empfindsame Amazone.

Dieses ist die Geschichte unserer Rudelwerdung, und sie beginnt da, wo Menschen, die ihren Hund vergöttern, aber keine Ahnung von Hundeerziehung haben, ihre eigene Unfähigkeit am schmerzlichsten vor Augen geführt wird: auf dem Hundeplatz.

1.
DER HUND MACHT NICHT PLATZ

Der Tag, an dem wir aus der Hundeschule flogen, war ein nasser Mittwoch im November. Sam war sechs Monate alt, gerade der welpischen Unschuld entwachsen und nun auf dem besten Weg in die Pubertät. Seit ein paar Wochen gingen wir in eine Erziehungsgruppe, lauter sexuell erwachende Junghunde, die wie Sam dringend Nachhilfe im kleinen Alltagskommando-Einmaleins brauchten: »Sitz«, »Platz«, »Hier«, »Bleib« und vor allem – »Nein«.

Die Hunde saßen in einer Reihe, wir Besitzer standen daneben, und Geli, die Trainerin, wies uns an, sie mit einem entschlossenen »Platz!« und sanfter Körperhilfe zum Hinlegen zu bewegen. Nach und nach wechselten alle Hunde die Position. Einer blieb sitzen. Sam. Eigentlich saß er nicht, er thronte, mit gerader Brust und einem Blick, in dem eine tiefe Verachtung für all die Anpasser lag, die sich auf den regennassen Boden geworfen hatten, nur weil ihr Mensch das von ihnen verlangt hatte.

Ich sah meinen Hund an. Er saß da wie ein unbeugsamer Wilder, stolz und selbstgewiss.

Ich sagte: »Platz!«. Sam lachte. Ich deutete mit der flachen Hand auf den Boden, ging in die Hocke. Nichts. Ich lockte, ich flehte. Sam wandte mir nicht mal den Kopf zu. Er sah in die Weite, auf die Felder und Wiesen, die, sobald er diese lästige Hundeschul-Störung erfolgreich ausgesessen hätte, ihm gehören würden, zur Jagd, zum Vergnügen.

Geli, die Trainerin sagte: »Schmeiß ihn um.« Nur wusste ich

nicht wie. Ich wollte nicht körperlich werden, ich tat mich schwer mit Gewalt, schon aus ethischen Gründen. Außerdem saß Sam da wie festgetackert, ich hätte keine Chance gehabt. Geli, eine Mitvierzigerin mit lauter Stimme und großer Bestimmtheit, die Hunde schon durch ihre bloße Präsenz zum Gehorsam brachte, verdrehte die Augen. Sie ging auf Sam zu. Sam grinste. Sie stupste ihn an. Sam saß. Am Ende rang sie regelrecht mit ihm. Dann rutschte sie aus und fiel in den Matsch. Sam lüpfte ein Pfötchen, um den Dreckspritzern auszuweichen.

Vermutlich hatte Geli einfach einen schlechten Tag, wer steht schon gern bei Schneeregen und Kälte stundenlang auf einer Wiese und hämmert einer Horde Jungspunde Benehmen ein. Dazu die Besitzer, Leute wie ich, denen das Herz noch voll zärtlicher Liebe übergeht angesichts der eben erst zu Ende gegangenen Welpenzeit und die noch lange nicht im Durchgreif-Modus sind, den ein heranwachsender Hund gelegentlich braucht. Ich war eine der schlimmsten. Sam war für mich der Hundegott. König Sam, Gebieter über Herrchen und Frauchen.

Jedenfalls: Etwas an diesem Collie, seinem lässigen Selbstbewusstsein und meiner hilflos-defensiven Art brachte Geli an diesem Tag aus der Fassung. Sie lag im Dreck und wollte nicht mehr. Sie sagte Dinge, die sich sicher schon eine ganze Weile in ihr angestaut hatten, aber nun sagte sie sie sehr, sehr deutlich: »Such dir einen anderen Trainer. Einzelstunden, irgendwas. Dein Hund macht, was er will, du bist ihm völlig egal. Ihr müsst noch mal völlig bei null anfangen. Aber in dieser Gruppe ist für euch Schluss.«

Ich stand da, leinte den Hundegott an und schlich mich nass und gedemütigt davon.

Ich wollte mein Leben lang einen Collie. Es ist wegen Lassie, ich beginne noch heute auf der Stelle bei der Titelmelodie von *Lassie kehrt zurück* zu weinen, und ich weine mich konsequent durch den gesamten Film, sogar durch das Remake. Collies waren für mich als Kind wunderschöne, fast überirdische Wesen. Ich wollte schon damals einen Kumpel, einen besten Freund, die Lassie-Timmy-Sache: bedingungslose Liebe, gemeinsames Abenteuer, Spaß, Vertrauen, Kinderarme in weißem Colliekragen.

Stattdessen hatte ich Hühner, Katzen und Kaninchen, die ich zwar auch sehr liebte, aber es war nicht dasselbe. Wir wohnten auf dem Land, wir hatten einen Obsthof und jede Menge Platz, aber meine Mutter mochte keine Tiere im Haus, schon gar keine Hunde. Heute, wenn meine Hunde zeitgleich im Fellwechsel sind oder einfach nur nach jedem Spaziergang den Herbstschlamm im frisch gestrichenen Flur abschütteln, verstehe ich sie ein bisschen besser.

Aber damals gab es für mich nur eins: Ich wollte unbedingt einen Hund. Ich vergötterte die Hunde in der Nachbarschaft, Bobbie, den dicken Dackel der alten Dame gegenüber, Senta, den drahtigen Malinois-Mix vom Hof nebenan. Ich ging in den Pausen mit Ares, dem Collie eines älteren Herren, der neben meiner Schule wohnte, Gassi. Und ich schaute jeden Tag auf die Anzeigenseite des Stader Tageblatts, schnitt aus der Rubrik »Zu verkaufen« alle Annoncen aus, in denen Collies angeboten wurden, und klebte sie in ein kleines Ringbuch. Es war ein gutes Gefühl zu wissen, dass ich sofort eine Reihe Züchter an der Hand hätte, sollten meine Eltern ihre Meinung ändern.

Sie änderten sie nicht. Ich brachte meinen Hühnern Kunststücke bei (Hühner sind kluge Wesen, meine drei Hennen hörten auf ihre Namen und warteten jeden Tag an der Straße, bis ich von der Schule kam) und verzärtelte meine Katzen. Natürlich ließ ich sie, wenn meine Eltern nicht da waren, ins Haus und auf meinem Bett schlafen. Dann zog ich aus, studierte, zog um, arbeitete, heiratete. Ich wurde 38, wir kauften ein Haus. Und plötzlich – mit Haus, Garten, meinem Mann, der viel von zu Hause aus arbeitet – passte alles. Nach einem halben Leben war endlich der richtige Zeitpunkt da. Wir konnten einen Hund haben.

Ich musste mich nicht anstrengen, um meinen Mann zu überzeugen. Ein Hund war zwar nicht sein dringlichster Wunsch, aber er war einverstanden. Wäre es nach ihm gegangen, hätte es auch ein Golden Retriever sein können oder ein Husky. Aber da ich in all unseren Gesprächen zum Thema das Wort Collie synonym für Hund verwendet hatte, ahnte er, dass es da keinen Spielraum gab.

Wir googelten »Collie«. Es war ein Schock. Ich hatte in den vielen Jahren, in denen ein Leben mit Hund aufgrund der Umstände nicht infrage kam, aufgehört, mich intensiv mit der Rasse zu beschäftigen. In meinem Kopf retteten immer noch Timmy und Lassie das kleine Rehkitz. Ich dachte nach wie vor, Collies wären große, stattliche Tiere mit klaren, klugen Augen und einer imposanten Statur.

Was ich auf den Züchterseiten fand, war in etwa das Gegenteil. Kleine, plüschige Hunde, die Haare auf dem Kopf hochtoupiert wie zu einem Mob, die Augen schmale, mandelförmige Schlitze, die ihnen einen grimmigen Ausdruck verliehen. Diese Hunde bestanden aus wenig Körper und sehr viel Fell, als wäre Lassie erst geschrumpft und dann in ein Flauschkissen eingenäht worden. Wo war der Stolz hin, die Erhabenheit?

Ganz offensichtlich hatte eine Art Transformation stattgefunden, hervorgerufen durch den jahrelangen Lassie-Hype. Alle Welt hatte damals einen Collie wie den berühmten Fernsehhund haben wollen, was dazu führte, dass man die Rasse überzüchtet hatte. Weil sich Krankheiten eingeschlichen hatten und der Boom schließlich abgeebbt war, hatten die Züchter dann auf einen anderen Typus gesetzt. Die amerikanische Linie – große, wesensfeste Hunde mit klarer Körperlinie und mäßig viel Fell – wurde in Deutschland kaum mehr gezüchtet. Stattdessen gab es vor allem englische Collies, die einen völlig anderen Rassestandard haben.

Wir waren verunsichert. Wir überdachten unseren Plan. Ich befragte mein Herz. Golden Retriever? Husky? Wir blätterten durch »Das große Hunderassen ABC« und kamen bis C. Es ging nicht anders: Collie.

Irgendwann fand ich im Netz eine Zucht, die mir gefiel. Die Züchterfamilie wohnte nur achtzig Kilometer entfernt, ich rief an, sagte, wir planten die Anschaffung eines Welpen und würden uns gern Zuchtstätten ansehen, die Züchterin lud uns ein und wir fuhren hin.

Die Familie lebte in einem rot geklinkerten Einzelhaus auf dem Land. Auf der Fußmatte: Collies. Das Türschild: in Collie-Form. Die Klingel: Collie-Sound. Das Bellen nach dem Klingeln: Collies. Ich war im Glück. Über Geschmack lässt sich streiten, aber dieser hier war aus purer Begeisterung entgleist, was alles entschuldigte. Die Leute waren Collie-Maniacs. Für mich war es wie nach Hause zu kommen, als hätte ich endlich die geheime Pforte gefunden in das Leben, das ich mir als Kind gewünscht hatte.

Wir traten ein. Sieben aufgeregte Hunde wuselten um uns herum, teils bellend, teils uns neugierig beschnuppernd. Die Züchterin griff nicht ein, sie beobachtete uns, als wollte sie herausfinden, wie wir mit der Situation klarkämen. Ich glaube, ich bin in eine Art andächtige Starre verfallen, angesichts so vieler riesiger, unfassbar schöner Hunde.

Wir sahen uns um. Das gesamte Untergeschoss bestand mehr oder weniger aus einer Freifläche, ein Esstisch stand mitten im Raum, sonst kaum Möbel, es gab keine Teppiche, nur blanke Fliesen und Hundedecken. Alles funktional, ganz auf die Hunde abgestimmt. Der Lebensraum glich dem eines Rudels, in dem die Hundebedürfnisse die ästhetischen Maßstäbe setzten. Wahrscheinlich müsste man Hund sein, um darin eine Art Gemütlichkeit zu erkennen.

In einem abgedunkelten Nebenraum hatte eine Hündin ein paar Tage zuvor Welpen bekommen, die Züchterin öffnete die Tür, alle Hunde durften hinein, sie beschnupperten die Wurfkiste, interessierten sich aber nicht besonders für die Kleinen. Die Hündin blieb geduldig bei ihren Welpen, die glücklich saugend gegen ihre Zitzen traten.

Möglichst dezent schielten wir in die Kiste. Wir hatten mit der Züchterin nicht darüber gesprochen, ob und wann wir einen Hund von ihr bekommen könnten; es sollte erst mal nur ein Kennenlernen-Besuch sein, und außerdem war unsere Ehrfurcht vor ihr zu groß. Sie war zum Zeitpunkt unseres Besuchs eine der renommiertesten Collie-Züchterinnen, eine, die ihre Hündinnen aus Amerika holte und deren Deckrüden halb Deutschland besamten. Wir hatten gehofft, dass sie uns von sich aus einen Hund anbieten würde, aber für uns selbst offen gelassen, wie konkret wir nachfragen wollten. Doch nun, die Welpen vor Augen, das Glück zum Greifen nah, hätte ich mich am liebsten danebengekniet und mir auf der Stelle einen Hund ausgesucht.

Ich nahm also meinen Mut zusammen und fragte, ob schon alle Hunde des Wurfes vergeben seien. Die Züchterin lachte herzlich. »Alle, und auch die des nächsten Wurfs«, sagte sie. »Sie müssen bis Mitte nächsten Jahres warten, so lang ist die Warteliste.« Dann setzten wir uns an den Esstisch, und sie begann zu meiner Überraschung, uns nach unserem Privatleben zu befragen, offensichtlich, um unsere persönliche Eignung als Hundebesitzer zu prüfen: Wo wohnten wir? Gab es einen Garten? Könnten wir ihr bitte Fotos von Haus und Garten schicken? Und hatten wir genug Zeit für einen Hund? Was machten wir beruflich? Hatten wir Hundeerfahrung? Wie sah unser Tagesablauf aus? Würden wir wirklich jeden Tag stundenlang mit dem Hund spazieren gehen können? Wären wir finanziell in der Lage, die Tierarztrechnungen zu bezahlen? Hatten wir uns das alles genau überlegt?

Hatten wir? Auf dem Rückweg waren wir beide sehr still.

Im Rückblick würde ich sagen, die Frau hat alles richtig gemacht. Sie gehörte eindeutig zu den Züchtern, die ihre Hunde nicht des schnellen Geldes wegen weggaben, sie wollte jeden in die bestmöglichen Hände vermitteln. Die Welt wäre ein besserer Ort, würden sich alle Züchter so viele Gedanken machen. Und es war richtig, uns all die Fragen zu stellen, die man selbst schnell ausblendet, wenn man unbedingt etwas will. War ich die Art Mensch, die wirklich jeden Tag lustvoll durch Wald und Wiesen streift? Hatte ich Spaziergänge nicht bislang stets als sinnloses Herumgerenne betrachtet und lieber eine DVD in den Player geschoben? Würde ich wirklich völlig neue Gewohnheiten entwickeln, mir eine Art Hundehalter-Ich zulegen und Gefallen an Regen, Hundedurchfall und dem Druck entwickeln, nie länger als vier Stunden aus dem Haus sein zu können, weil sonst der Hund zu lange allein wäre?

Die Frau hatte unseren Wunsch mit der Wirklichkeit konfrontiert. Das war gut so. Und quälend.

Damals war ich vor allem brutal ernüchtert. Ich stellte fest, dass die Collie-Welt nicht in dem Maße auf mich wartete wie ich auf einen Collie. Und dass mich Schwärmerei nicht automatisch zu einer Wunschkandidatin für den Welpenkauf machte. Außerdem sollte ich eineinhalb Jahre warten, bis wir die Chance auf einen Welpen aus dieser Zucht hatten. Und ich sollte mir Fragen stellen, die ich nicht in der Theorie beantworten konnte. Ich brauchte einen Hund, um mein Hunde-Ich kennenzulernen.

Wir wussten, es würde etwas auf uns zukommen. Es gab Restrisiken. Aber wir waren entschlossen, es zu wagen.

Die Züchterin hatte uns eine Kollegin empfohlen, deren Hündin von einem ihrer Importrüden gedeckt worden war. Es war ihr erster Wurf, sie vermutete, als Newcomerin sei ihre Vormerkliste noch nicht allzu lang.

Ich rief an. Es war ein langes, freundliches Gespräch. Ulla, die Züchterin, erzählte von ihrem Werdegang, von ihren Gründen, Hunde zu züchten, von ihrer alten Hündin, die früh gestorben war, und von ihrer Zuchthündin. Sie hatte nur eine Hündin und es war deren erster Wurf. Wir teilten unsere Aufregung, Ulla über die baldige Niederkunft ihrer Hündin, ich über die baldige Hundemutterwerdung meiner selbst.

Ich hatte nicht die geringste Ahnung, was auf uns zukam.

2.
LASSIE-FAIRE

Erst mal gingen wir shoppen. Hat der Mensch Angst und muss sie kompensieren, geht er einkaufen, das ist ein gut trainierter Reflex.

Außerdem sollte alles bereitstehen, wenn der kleine Hund ins Haus kam. Wir überlegten: Als Erstausstattung brauchte er ein Bett, einen Trink- und einen Futternapf, eine Leine, ein Halsband, ein paar Kauknochen und Spielzeug. Angesichts unserer Nervosität, die die bevorstehende Veränderung unseres Lebens in uns auslöste, war es ein beruhigender Akt, ganz pragmatisch ein paar materielle Vorbereitungen zu treffen.

Zum ersten Mal in meinem Leben betrat ich einen »Fressnapf«, der eventuell auch ein »Futterhaus« war, ich weiß es nicht, bis heute kann ich diese Läden nicht auseinanderhalten. Ein großer gelber Plastikhund stand am Eingang; es war wie das Entree in eine neue, ganz dem Tier geweihte Welt. Dutzende Regale voller verschiedenster Futtersorten in Dosen und Beuteln, eine Wand nur mit Spielzeug, Quietschebällen, Gummiknochen, Ballschleudern, eine andere mit Hunderten von Leinen. Kübelweise Hundesnacks, die man sich wie in der Obstabteilung selbst in Plastiktüten abfüllen und abwiegen konnte. Mit Herz, Blättermagen und grünem Pansen gefüllte Tiefkühlboxen.

Für Hunde sind diese Läden Boutique, Gourmettempel und Abenteuerspielplatz in einem, für mich waren sie eine einzige Überforderung. Ich hatte den Laden mit dem Gefühl betreten, endlich dazuzugehören, ich wollte souverän eine kleine Einkaufstour starten und das Gefühl genießen, als echte Hundefrau zu gelten. Und nun stand ich verloren in dieser neuen bunten Shoppingwelt und überlegte, was noch mal Blättermagen ist.

»Geschirr oder Halsband«, fragte die freundliche Mitarbeiterin, »Elchleder oder Nylon? Oder lieber eine Flexileine? Oder eine Retrieverleine, nur zum Überstülpen? Oder doch ein klassisches Halsband: Würger, Halbwürger oder geschlossen? Mit Schnalle oder mit Klickverschluss? Oder Klett? Und die Farbe? Lieber aufs Fell abgestimmt oder als schöner Kontrast? Der Hund ist rotweiß? Also ein klassisches Schwarz oder ein elegantes Beige?«

Ich kaufte einen Trinknapf, weil ich dachte, damit am wenigsten falsch machen zu können. (Als Doppelgedeck mit integriertem Futternapf? Im Ständer, in Stehhöhe des Hundes? Mit breitem wasserauffangendem Rand, um den Bodenbelag zu schonen, oder ein leichteres Modell aus Keramik?) Wir kauften den für 3,99 Euro, Alu, am Rand gummiert, damit, wenn es der falsche wäre, sich die Investition im Rahmen hielte.

Danach suchten wir im Internet weiter, wir wollten lieber gar keine Beratung als die totale Überforderung, und außerdem mussten wir uns erst mal ins Thema einarbeiten. Wir brauchten noch ein Hundebett oder eine Matte, auf jeden Fall ein weiches Refugium für den Hund, das optisch keine Beleidigung darstellte. Uns gefielen die Produkte eines bei Google weit oben gelisteten Versandhändlers (»Hundebetten mit Wohlfühlgarantie!«), aber dann stellten wir uns vor, mit welchem Gefühl wir dem DHL-Mann eine Warensendung der Firma »Knuffelwuff« quittieren müssten, und verwarfen die Idee wieder. Wir wollten ein Hundebett, aber nicht unsere Würde verlieren.

Wir kauften schließlich ein abwischbares Kunstlederbett mit festem, erhöhtem Rand in Eierschalengelb und der Ausführung »Luxury«. Wir wählten es in der Größe XL, um nach Lieferung festzustellen, dass diese Raum für zwei ausgewachsene Ridgebacks bot. Das Hundebett erinnerte in Form und Umfang an ein Schlauchboot, eigentlich fehlte nur das Paddel.

»Schlauchi«, wie wir das Bett bald nannten, haben wir noch heute, wenn es zerschlissen ist, bestellen wir ein neues. Die Hunde lieben es und wir lieben es auch, schon aus hygienischen Gründen, ich möchte, wenn im Hundepark ein Virus umgeht, reproduzierte Magenreste nicht aus feiner Mikrofaser rubbeln.

Der Anruf kam Mitte Mai. Ich saß im Büro, es war Freitagnachmittag, draußen – mein Büro liegt am Hamburger Hafen – begann die Einlaufparade, es war Hafengeburtstag. Ich nahm den Hörer ab, Ulla war dran. Sie sagte leise und mit ein wenig Dramatik in der Stimme: »Die Babys sind da.« Dann schwieg sie, und ich sagte: »Oh mein Gott«, und dann noch mal und noch mal. Es waren drei Rüden und zwei Hündinnen im Wurf, vier Welpen sable-white, also rotweiß, eine Hündin tricolor – schwarz, weiß, rot. Ulla erzählte von der Geburt, vom Gewicht und den Gesundheitsdaten der Hunde. Ich hörte nur: »Ich habe einen Hund!«

Wir dürften kommen und aussuchen, sagte sie, aber erst müssten die Hunde stabil genug sein, weil jeder Besuch Keime ins Haus und an die Wurfkiste bringe. Außerdem habe einer der Hunde das erste Entwurmungsmittel nicht vertragen, er sei geschwächt, habe an Gewicht verloren und müsse sich erst wieder erholen.

Abends machten wir eine Flasche Sekt auf, hockten uns auf Schlauchis feste, seetüchtige Kante und malten uns aus, was für ein herrlicher Sommer vor uns läge. Wir sahen uns zu dritt an der Nordsee spazieren, den kleinen Hund drollig watschelnd neben uns. Glück würde auf kurzen, tapsigen Collie-Beinen einfach in unser Leben gelaufen kommen.

Jetzt, da es konkret wurde, brauchte der Hund einen Namen. Wir wollten einen Rüden, weil ich gelesen hatte, dass Rüden weniger häufig abhaaren, womöglich steckte da ein Rest mütterlicherseits geprägter Sauberkeitsfimmel in mir. Also riefen wir im Internet die gängigen Hundenamen-Listen auf. Arthur? Rocky?

Elvis? John Boy? Meier? Einstein? Snoopy? Ghandi? Chef? Wir schalteten die Rechner aus. Ich sagte: »Sam.« Mein Mann nickte. Mein Mann heißt Sven. Ich weiß nicht, was uns geritten hat, einen so ähnlichen Namen auszusuchen, noch heute denken Menschen, wenn ich Sam im Wald rufe, ich würde nach meinem Mann rufen, und wundern sich. Damals schien es uns der freundlichste Name auf der Welt. Dass das außer uns Millionen anderer Hundebesitzer weltweit so sehen, wussten wir nicht. »Sam« hält seit Jahren Platz eins im Ranking der beliebtesten Hundenamen. Auf Platz zwei folgt dann »Sammy«.

Wir fuhren zur Züchterin, sobald die Hunde die Augen geöffnet hatten. Sie lebte mit ihrer Familie in einer Kleinstadt an der Ostsee und zog die Welpen im Wohnzimmer auf, mit direktem Familienanschluss und allen Alltagsgeräuschen, an die sich die Hunde auf diese Weise früh gewöhnen konnten: Staubsauger, Telefon und, weil gerade WM war, sehr viel Fernseh-Fußballlärm. Wir knieten neben der Wurfkiste, und ich war bereit für den großen, magischen Moment: Würde mein Hund mich erkennen? Würde er mir freudig entgegentapsen auf seinen Stummelbeinen, mit der winzigen Schnauze an meine Hand stupsen und glücklich meinen Geruch aufnehmen?

Ulla hatte vom zweiten Tag an Bilder des Wurfes ins Internet gestellt, als noch keiner der Hunde größer als eine Maus war. Auf den Fotos war ein unsortierter, schwarz-rot-weißer Haufen zu sehen, Welpen-Mikado. Die Bilder waren nichtssagend, aber trotzdem hatten wir an jedem neuen Tag, bei jedem neuen Bild gebannt davor gesessen, die Positionen interpretiert, die die kleinen Kerle beim Trinken an den Zitzen einnahmen, und die Haltung, in der sie schliefen. Wir hatten täglich diskutiert, wer am meisten Charakter erkennen ließ und, natürlich, welcher der hübscheste war.

Klar ist es Unsinn, bei Welpen so früh schon Ausstrahlung und Wesen festmachen zu wollen, die Zwerge interessieren sich für nicht viel mehr, als ihre Basis-Bedürfnisse zu befriedigen, die etwa so ausdifferenziert sind wie das Feierabendverhalten eines Bierkutschers: trinken, verdauen, schlafen. Jetzt, an der Wurfkiste, hatte ich dennoch nicht nur die Hoffnung, dass mein Hund mich erkennen würde, sondern dass dieses Erkennen gegenseitig wäre. Ich hoffte, intuitiv zu wissen, welcher unserer wäre, ich erwartete irgendetwas Metaphysisches, ein Fingerzeig des Universums, ein tiefes, warmes Gefühl. Immerhin war ich dabei, mich für die nächsten zehn, 15 Jahre zu binden, und es sollte aus Liebe sein.

Inzwischen glaube ich, dass eine Züchterin gut daran tut, ihre Welpen den späteren Besitzern zuzuteilen, weil sie ihre Hunde am besten kennt und mit ihrer Erfahrung einschätzen kann, welcher Charakter zu welchen Bedürfnissen passt. Einem Hundeneuling den umtriebigsten Burschen zu überlassen, führt absehbar ins Unglück, und wer jeden Tag mit seinem Hund vier Stunden Fahrradfahren möchte, sollte nicht unbedingt den gemütlichen Kuschler bekommen. Damals aber waren wir froh, dass wir freie Auswahl hatten, und da ich sowieso noch nie einen Hund gehabt hatte, machte ich mir keine Gedanken über Wesen oder Trieb. Ich wollte den schönsten.

Der magische Moment stellte sich nicht ein. Wahrscheinlich war ich viel zu aufgeregt, um überhaupt etwas zu spüren. Ich fand alle Welpen in einem Ausmaß entzückend, dass ich nur noch sinnreduzierte Halbsätze von mir geben konnte und eigentlich am liebsten nur laut gejauchzt hätte. Nacheinander durften mein Mann und ich die Welpen auf den Arm nehmen, sie schliefen dabei einfach weiter. Uns gefiel vor allem ein kräftiger Rüde, aber auch ein etwas kleinerer, der sehr charmant wirkte und ausgesprochen munter war.

Irgendwann, bei einem späteren Besuch, die Hunde waren sechs, sieben Wochen alt, erzählte Ulla, wie der Muntere sich mit dem Apfelbaum im Garten vergnügt habe. Er habe Anlauf genommen, sich einen Zweig geschnappt und so lange daran herumgezerrt, bis die halb reifen Äpfel heruntergekullert seien, und dann habe er sie vergnügt über den Rasen gerollt. Sie sagte, er sei der Clown der Truppe, er könne jeden auf der Stelle zum Lachen bringen. Aber er habe auch absolut seinen eigenen Kopf, »was der nicht will, das will er nicht, basta«. Wir hörten nur: »Clown«. Das gab den Ausschlag. Wir wollten einen lustigen Hund, einen mit sonnigem Gemüt. Sam Sonnenschein. Die Sache mit dem eigenen Kopf hatten wir irgendwie überhört.

Ich nahm zwei Drittel meines Jahresurlaubs, die Kollegen schenkten mir beim Abschied einen riesigen Kauknochen mit roter Schleife und eine Rolle Designer-Gassibeutel mit Picasso-Tierzeichnungen, die ich selbstverständlich nie benutzt habe. Dann fuhren wir zur Züchterin, um unseren Neuzuwachs zu holen. Wir setzten Sam, der jetzt elf Wochen alt war, auf eine Decke auf die Rückbank, ich setzte mich daneben. Ulla hatte Tränen in den Augen beim Abschied – Sam war ihr Erstgeborener –, und ich genoss das berauschende Gefühl, dass sich mein Leben gerade in aufregender Weise substanziell veränderte.

Wenn ich heute, elf Jahre und zwei Hunde später, daran denke, wie wenig Gedanken ich mir damals über die Erziehung gemacht habe, dann verblüfft es mich, dass Sam überhaupt ohne nennenswerte Schäden groß geworden ist. Wir hatten ein Gottvertrauen, dass alles gut wird, woher auch immer es rührte. Vielleicht ist das die Grundvoraussetzung dafür, den Mut aufzubringen, etwas so Unkalkulierbares wie einen jungen Hund in sein Leben zu lassen.

Jedenfalls gingen wir davon aus, dass Erziehung irgendwie nebenbei passieren würde, während wir und der Hund zu einem tollen Team zusammenwüchsen. Wir wollten in eine Hundeschule gehen, aber nur, um ein paar Grundlagen zu lernen, und damit der Hund Kontakt mit anderen Hunden hatte. Das war uns das Allerwichtigste: dass unser Hund ein Hunde- und Menschenfreund würde, der jedem und allem aufgeschlossen gegenüberstand. Schon das Wort »Grundgehorsam« klang für mich nach

Kaserne und Strammstehen. Das wollte ich auf keinen Fall. Wir wollten eine natürliche, partnerschaftliche Beziehung zum Hund. Wenn wir nett zu ihm wären, dachte ich, wäre er es auch zu uns. Unser Erziehungsideal war, kurz gesagt, Lassie-faire. In Wahrheit hatten wir einfach überhaupt keine Ahnung.

Noch vor Sams Ankunft hatten wir, auf den Rat hundekundiger Freunde hin, eine Probestunde in einer Welpengruppe verbracht und uns hinterher ausgiebig darüber lustig gemacht, mit welchem albernen, hohen »Kiiiira-hiiiier«-Singsang die Halterinnen ihre tapsigen Kleinen lockten. Es waren nur Frauen dort, was uns ebenfalls belustigte, als sei Hundeerziehung ein Biotop voremanzipatorischer Rollenmodelle. Alle Grundregeln des normalen, erwachsenen Frauenverhaltens schienen abgestreift wie drückende Pumps nach einem Bürotag. War das so in der Hundehalterwelt? Die Frauen übernahmen die Hundeerziehung, während die Männer ihre Vollzeitjobs erledigten und abends einem wohlerzogenen Labradoodle steif ein Gutenacht-Küsschen auf die kalte Schnauze drückten?

Mein Mann und ich wollten den Hund selbstverständlich gemeinschaftlich erziehen. Damals dachten wir noch, das sei normal. Aber als Mann, das merkte mein Mann bald, ist man in der Hundeschulwelt entweder Pensionär, Sonderling oder einsam. Auf jeden Fall einer für die psychosoziale Schublade. Ich erinnere mich an einen Vormittag in unseren ersten Wochen mit Sam: Mein Mann hatte von einem Hundetraining im Park in der Nähe gelesen, er wollte es sich ansehen, fuhr hin und kam wenig später unverrichteter Dinge zurück. »Da waren nur Frauen«, sagte er erschüttert. Er hatte sich weggeschlichen.

Ich kann nicht mehr sagen, wann genau wir begannen, Fehler zu machen. Ich vermute, es war an Tag eins. Sam war da, und das Lebensgefühl mit Hund war so großartig, dass wir ihn zum Mittelpunkt unseres Lebens machten. Wir konnten ihm stundenlang zusehen, wie er über den Rasen tobte, an Ästen nagte, mit schräg gestellter Rute durch die Büsche fegte, und nur einschlief, wenn es gar nicht mehr anders ging, indem er genau da, wo er gerade stand, einfach umfiel. Morgens machten wir ihm Haferflocken mit Honig, mittags schnitten wir ihm den grünen Pansen klein, nachts trugen wir ihn zum Pinkeln in den Garten und saßen an seinem Schlauchboot, bis er wieder eingeschlafen war, und Sam leckte uns dabei verschlafen und zärtlich die Hand.

Ich hatte mir ein Buch gekauft, eine Art Erziehungsleitfaden für die ersten zwei Monate, geschrieben von einer bekannten Hundetrainerin. Für jeden Tag waren darin Übungen erklärt, der Hund sollte Kommandos erlernen und zugleich mit seinen Menschen die Welt erkunden.

Die Übungen waren anspruchsvoll: Schon in der ersten Woche hätte Sam »Sitz« machen, auf »Komm« zu mir watscheln und an lockerer Leine durch eine Kindergruppe auf einem Schulhof schlendern müssen. Tatsächlich stand ihm der Sinn nach Spiel und Anarchie, auf »Komm« reagierte er mit »gleich, wenn ich mit dem Blumenbeet hier fertig bin«, und wenn wir die Leinenführigkeit übten, zwickte er mich in die Waden, als sei ich ein Schaf und er ein Hütehund auf einer schottischen Hochebene. Der Erziehungsratgeber blieb aufgeschlagen auf dem Couchtisch liegen, aber schon in Woche zwei hinkten wir heillos hinterher.

Aber das störte uns nicht, dazu passierte einfach zu viel Neues. Es war toll, mit dem kleinen Welpen die Straße entlang zu gehen. Die Herzen der Menschen flogen ihm zu, und wir stellten dabei fest, wie viele nette Leute in unserer Nachbarschaft wohnten. Keine Sekunde hatte ich den Eindruck, dass die vielen Eindrücke Sam irgendwie verunsicherten. Er war klein und schutzbedürftig, aber er hatte vor nichts Angst. Müllwagen, Hupen, Kinder, Mofas, die frontal auf ihn zukamen – Sam zuckte nicht mal.

So präsentierte er sich auch Geli, als wir zum Kennenlerngespräch auf ihren Hundeplatz kamen. Sie hatte gerade ihre Raufer-Gruppe da, die sie mit geradem Rücken und entspanntem Blick anführte wie Cesar Millan seine Rudel in den Bergen Kaliforniens. »Ihr habt Glück«, sagte Geli, »ich hatte hier schon viele Collies, die vor allem Angst hatten. Eurer ist da echt die Ausnahme.«

Geli hatte ihre kleine Tochter dabei, die sie nach ganz ähnlichen Prinzipien wie die Hunde zu erziehen schien. Das Mädchen war vier und in der Trotzphase, und weil Geli sich um ihre Raufer kümmern musste, hatte sie sie auf einen niedrigen Holztisch gesetzt, der mitten auf dem Hundeplatz stand und auf dem normalerweise die Hunde »Bleib«-Übungen machten. Geli sagte ihrer Tochter »Bleib,« und das Mädchen, das gerade irgendetwas durchsetzen wollte, weinte bitterlich. Aber Geli blieb unnachgiebig. »Wie hältst du das bloß aus?«, fragte ich sie. Sie sagte: »Es ist wie bei den Hunden: Man muss konsequent sein. Sie hat alles. Sie ist satt, sie ist bei uns, sie durfte bis eben spielen. Jetzt ist Auszeit. Sie muss lernen, Frust auszuhalten, wie euer Hund auch.«

Daran musste ich denken, als ein paar Monate später Sam, mitten in seiner Trotzphase, auf demselben Tisch saß. Wir hatten uns entfernt, und er sollte still abwarten, bis wir wiederkamen. Wir hatten ihn an einem Pfahl festgemacht, und Sam bellte sich so in Raserei, dass er den Pfahl aus der Erde riss.

Damals, beim Kennenlernen auf Gelis Hundeplatz, ahnten wir nicht, dass diese Phase kommen würde. Noch war Sam der süße Welpe, er vergnügte sich in der Welpenspielgruppe im Bällebad, tollte heiter mit den anderen Welpen über das Grün, lief furchtlos über wacklige Untergründe. Obwohl er auch da bereits auf bestimmte Dinge, die wir von ihm wollten, nicht reagierte, sabotierte er uns so charmant, dass selbst Geli nach dem Motto »ist ja nur ein Collie, leicht zu erziehen und seeeehr sensibel!« nicht so genau hinsah. Seine kleinen Aufsässigkeiten waren für sie wie für uns eher unterhaltsam als ein Problem. Sam flog unter dem Radar, und als kluger Hund wusste er das genau.

Es war unser erster Sommer, abends saßen wir auf der Terrasse, Sam jagte Vögel und buddelte ein paar Löcher ins Rhododendrenbeet, ich sah ihm voller Liebe zu und reichte ihm hin und wieder ein paar Kekse an. Ich stellte mir vor, wie aus dem kleinen Kerl ein großer, imposanter Rüde werden würde und wie wir gemeinsam durchs Leben gehen würden, und konnte mein Glück nicht fassen. An einem Nachmittag beim Elbspaziergang ließen wir ihn das erste Mal von der Leine, und Sam tapste einfach hinter uns her. Glückssynapsen vernetzten sich in diesem Moment für immer in meinem Hirn, wir gehörten zusammen, ich kann das Gefühl noch heute abrufen.

3.
SAM VERWILDERT

Irgendwann war mein Hundeurlaub um. Ich ging wieder ins Büro, in Gedanken bei Mann und Hund, und hatte die Art von schlechtem Gewissen, die, wie mir meine berufstätigen Freundinnen mit kleinen Kindern bestätigten, auch Mütter gut kennen. Ständig fragte ich mich, wie sie zu Hause ohne mich zurechtkämen.

Arbeiten ist eine soziale und wirtschaftliche Notwendigkeit, aber manchmal hätte ich mich am liebsten zum Heulen in einem Schrank versteckt, weil ich schwer daran trug, so viele Entwicklungsschritte bei meinem doch eben erst auf die Welt gekommenen Hund zu verpassen. Sam wuchs in einem enormen Tempo, quasi zwischen Frühstück und Abendessen. Wenn ich abends nach Hause kam, war er wieder ein Stück größer. Besonders die Schnauze war bemerkenswert, sie wuchs sehr viel schneller als der Rest des Leibes, wochenlang sah Sam aus wie Alf.

Mit seinem Körper wuchs sein Selbstwertgefühl. Ein paar Wochen, nachdem ich wieder arbeitete, rief mich mein Mann im Büro an, Verzweiflung in der Stimme. Er sagte: »Komm bitte sofort nach Haus, ich kann nicht mehr.«

Ich fand meinen Mann mutlos auf einem Stuhl zusammengesunken, den Hund kläffend an der Heizung angebunden. Sam hatte an diesem Nachmittag erst einmal den Garten umgepflügt, was sein liebstes Hobby war, der Rasen sah aus wie die Oberfläche des Mondes. Als mein Mann ihn ins Haus verfrachtet hatte, hatte er dort alles angeknabbert, dessen er habhaft werden konnte:

Kabel, Sofabeine, alle Stuhlbeine, auch die aus Metall, den Dielenschrank, die Griffe der unteren Schubladen der Einbauküche. Er begann zu zahnen, und unser gesamtes Interieur war für ihn eine einzige herrliche Abriebfläche.

Bei den Elbspaziergängen tapste er bald nicht mehr lieb neben uns her, sondern ließ uns für jeden anderen Hund stehen, den er dann sehr leidenschaftlich und ausdauernd beschnüffelte. Anfangs tat er das noch auf eine so naive Art, dass sich nur wenige Hunde daran störten. Wir ließen ihn gewähren. Wir fanden sein Verhalten aufgeschlossen und dachten, auch Sam habe das Recht, Artgenossen zu begrüßen, wir sagten entgegenkommenden Spaziergängern ja auch Hallo. Wir wussten wenig bis gar nichts darüber, was es für einen jungen Rüden bedeutet, ungehindert an den Geschlechtsteilen anderer Hunde Informationen einholen zu dürfen.

Natürlich ging es in Gelis Theoriestunden um solches Verhalten, um Status-Check und Hundekommunikation, wir sahen dazu Filme, in denen sich Hunde begegneten, und sollten anhand der Körpersprache voraussagen, ob es ein netter oder aggressiver Kontakt werden würde. Bei anderen Hunden konnte ich das gut erkennen. Aber irgendwie schaffte ich es, bei meinem eigenen nahezu alles, was eine erzieherische Konsequenz nach sich gezogen hätte, beim Blick in seine großen, braunen Augen in totale Harmlosigkeit umzudeuten.

Ich sah andere Hunde selbstbewusst auftreten und dachte: »Oha!«. Ich sah Sam selbstbewusst auftreten und dachte: »Ist noch völlig im Rahmen«, weil es ja Sam war. Und weil Sam ein so hübscher Bursche war, und jeder, wirklich jeder in ihm Lassie sah, den Schutzheiligen aller Kindheits-Hundefantasien, ließen wir und alle, die er freudig ansprang, denen er Wurstbrote aus der Hand klaute und deren Hunde er so lange zum Spiel aufforderte, bis sie genervt nach ihm schnappten, gewähren.

Collies, so sagt es eine Rassebeschreibung im Internet, sind »sensible und ruhige Begleithunde, die ihrem Besitzer gegenüber sehr sanft und aufmerksam sind«. Ich weiß nicht, wer solche Prosa verfasst. Mit dem Wesen unseres Hundes hatte diese Beschreibung wenig gemein. Eher schien es, dass wir einen Hund hatten, der zwar wie ein sensibler und sanfter Collie aussah, aber unter seiner dicken Unterwolle etwas verbarg, das man euphemistisch als Wesensfestigkeit bezeichnen könnte, das aber eigentlich in Eigensinn mit einer Tendenz zur Chefigkeit bestand.

Unsere Spaziergänge wurden mehr und mehr zur Herausforderung, und das häusliche Miteinander ebenso. Wegen des Zahnwechsels hatten wir die Wohnung inzwischen – so gut es ging – vermint, die Möbelbeine in Einmachgläser gestellt, die Kabel von Computer und Drucker mit Folien umwickelt, alle Teppiche hoch genommen, das Schuhregal in den Keller getragen. Wir hatten Backbleche an die Holzschränke gelehnt, damit sie, wenn der Hund sich an ihnen zu schaffen machte, scheppernd umfielen und er, zu Tode erschrocken, daraus seine Lehren zog. Sie fielen um, Sam trat überrascht einen Schritt zur Seite und zog daraus die Lehre, dass er dann künftig eben direkt neben so einem Ding mit der Knabberei ansetzen müsste.

Eine Freundin empfahl mir, seine Lieblingsstuhlbeine mit scharfem Senf einzureiben, bei ihrer Hündin habe das Wunder gewirkt. Sam sah uns zu, wie wir die Paste auftrugen, und während wir noch diskutierten, ob es zu gemein war, dem armen Hund das Maul mit dem feurigen Zeug zu versengen, leckte er den Senf genüsslich ab und arbeitete das Gelb dabei tief in das feuchte Holz ein.

Eines Abends saßen wir in der Küche beim Essen, einer der wenigen Momente in unserem damaligen Tagesablauf, in dem wir Sam aus den Augen ließen. Plötzlich hörten wir aus dem Wohnzimmer ein seltsames Kratzgeräusch, einen gleichmäßig intensiven, schabenden Ton. Wir sahen uns an, ließen das Besteck fallen und rannten hinüber: Sam war dabei, die Tapeten von der Wand zu kauen. Er drückte seinen Kopf seitlich dagegen und zupfte mit den hinteren Zähnen große Fetzen herunter. Und weil es ein altes Haus war, kam ein Teil der Wand gleich mit. Weiße Brocken Putz hingen an seinem Fang, der Boden war mit Tapetenschnipseln übersät. Als er uns kommen hörte, verdrückte er sich eilig und mit schnellen, kleinen Schritten hinter meinen Schreibtisch, von dem er wusste, dass wir ihn dort nicht zu fassen bekamen, und duckte sich weg.

Geli sagte: »Ihr müsst ihn begrenzen. Am besten mit einer Hundebox. Hund rein, Tür zu und ihr habt Ruhe. Für Hunde sind das Höhlen, sie lieben sie.« Ich dachte sofort an Hundeknast, auf keinen Fall wollte ich meinen Hund einsperren. Aber ich sah angesichts der permanenten Zerstörung langsam auch keine Alternative mehr. Sam kaute uns das Haus unterm Hintern weg. Wollten wir retten, was zu retten war, mussten wir ihn unter Kontrolle bringen.

Wir besorgten also eine Box aus Draht, denn dann, dachte ich, konnte der Hund wenigstens hinausblicken und hätte ein nicht ganz so eingekerkertes Gefühl. Geli hatte uns geraten, Sam langsam einzugewöhnen. Also warfen wir Käsestücke durch die geöffnete Tür, damit er ein schönes Futtererlebnis mit seinem neuen Zuhause verband. Aber wahrscheinlich merkte er, dass ich von dem Ding selbst nicht überzeugt war. Ich dachte Kerker, also dachte auch er Kerker. Er ging hinein, aber nur, um sich den Käse zu schnappen und danach sofort wieder hinauszustürzen. Machten wir probeweise die Tür hinter ihm zu, hatte das einen solchen Tobsuchtsanfall zur Folge, dass wir sie erschrocken wieder öffneten – woraus Sam selbstverständlich den Schluss zog, dass er nur vehement genug Radau schlagen musste, damit wir spurten.

Wir standen in den Trümmern unseres Wohnzimmers, die Reste der Tapeten hingen traurig von den Wänden – in einem besonders intensiven Kaumarathon hatte Sam sie an der gesamten Wand bis auf Stehhöhe abgenagt –, und gaben auf. Sein Dickkopf hatte gesiegt. Ein ganzes Jahr lang stand die Box noch im Wohnzimmer herum, Sam streifte sie gelegentlich mit einem Blick tiefster Verachtung. Manchmal schob er sie ein wenig zur Seite, um besser an die Tapeten dahinter zu kommen.

Der verwildernde Zustand unseres Hauses war so etwas wie das äußere Bild des Weges, den unsere Beziehung auch sonst nahm. Sicher war eine gewisse Bindung da, Sam reagierte freudig auf alles, was wir ihm anboten, Ballspiel, Spaziergänge, die immer länger wurden, je älter er wurde. Er konnte Sitz und Platz, er konnte apportieren und kam, war sonst nichts los auf der Hundewiese, wenn wir ihn riefen. Aber sobald er abgelenkt war, hörte er nicht. Er hörte wirklich gar nicht. Wir schämten uns vor allen, die uns zusahen, wenn wir versuchten, ihn aus einem Spiel abzurufen und Sam nicht mal ein Ohr aufstellte.

Am schlimmsten war es, wenn wir an der Elbe spazieren gingen und Leute mit ihren Hunden Ball spielten. Am allerschlimmsten, wenn zum Werfen eine Ballschleuder benutzt wurde, ein langer Plastiklöffel mit biegsamem Stil, mit dem man den Ball weit über den Strand katapultieren kann. Sam erkannte die Schleudern aus jeder Entfernung. Flog der Ball, rannte er hinterher, egal, wie das die Hunde fanden, für die das Spiel eigentlich bestimmt war. Er schnappte sich den Ball und brachte ihn freudig wedelnd dem Werfer zurück, der selten schimpfte, weil Sam dabei über das ganze Gesicht strahlte.

Er verlor sich dabei völlig im Adrenalin, sein Blick wurde leer, es gab nur noch die Jagd. Nur wenn der Ball ins Elbwasser flog, musste er kurz aussetzen, weil er nicht schwimmen konnte. Während sich die Retriever und Terrier in die Fluten stürzten, stand Sam am Ufer, wartete ab, bis die anderen die Beute an Land brachten, und klaute sie ihnen in dem Moment, in dem sie sie kurz fallen ließen, um sich zu schütteln.

Es war unmöglich, ihn in so einer Phase zu fassen zu kriegen. Wie zwei Deppen liefen wir mit gezückter Leine und sinnlosen »Zu-mir!«-Rufen hinter ihm her, Prototypen überforderter Hundebesitzer. Zog das ballwerfende Geschwader weiter, den Strand hinunter, rannte er im Rausch mit ihm mit, ohne einen einzigen Blick in unsere Richtung. Oft verging so eine halbe Stunde.

Mitleidige Spaziergänger rieten uns, einfach in die andere Richtung davonzugehen, der Hund würde es irgendwann merken und uns suchen, ein Rudelverlust sei für einen Hund das Allerschlimmste, er würde sich halb zu Tode erschrecken und uns künftig im Auge behalten.

Wir probierten es aus. Sam spielte Ball mit Fremden, und wir machten einfach stillschweigend kehrt und gingen langsam davon. Schließlich kamen wir bei unserem Auto an, etwa 500 Meter von der Stelle entfernt, an der wir Sam zurückgelassen hatten. Da standen wir nun. Kein Sam weit und breit. Wir warteten zehn Minuten, 15 Minuten – nichts. Aus dem »Da-muss-er-jetzt-durch«-Gefühl wurde Panik, wir fragten uns, ob es fahrlässig gewesen sei, den jungen Hund ganz allein am Strand sich selbst zu überlassen. Es gab Gefahren, Hundediebe, Zäune, in denen er sich verfangen konnte, die Flut, oder er könnte sich so verlaufen, dass er auf eine Straße geriete, dann wäre er tot. Nach einer knappen halben Stunde nahmen wir innerlich Abschied von unserem Hund. Und stritten uns dabei darüber, wessen Idee das eigentlich gewesen sei.

Sam kam, als das Ballspiel beendet war. Wir sahen ihn von Weitem, er suchte aufgeregt und lief weite Bögen, wahrscheinlich hat er sich wirklich erschrocken, aber jeder Lerneffekt wurde dadurch zunichte gemacht, dass wir einfach nur froh und erleichtert waren, dass er unversehrt zurückkam. Also begrüßten wir ihn so begeistert, dass er denken musste, er habe gerade alles sehr, sehr richtig gemacht.

Ich habe mich danach nie wieder so weit von ihm entfernt und mich nur noch so versteckt, dass ich ihn im Blick hatte. Auf Passanten machte das einen irren Eindruck: eine Frau, die sich ohne erkennbaren Grund hinter einem Baumstamm oder im Gebüsch verbarg, um ihren Hund zu beobachten. Ich sah lieber gar nicht erst auf, wenn jemand an mir vorbeiging. Einen echten Nutzen hatte die Methode nicht, eher dachte Sam, dass ich ihm nach der tollen Ball-Jagd außerdem noch ein lustiges Frauchen-Suchspiel bot.

Tatsächlich war das Ballspiel noch ein harmloses Indiz für unsere fortwährende Entfremdung. Mit sechs, sieben Monaten kam Sam in die Pubertät. Es ging ganz schnell. Erst hörte er noch ein bisschen weniger als ohnehin schon, dann schossen die Hormone ein. Aus dem netten Kerl, dem an der Straße alle Herzen zugeflogen waren, wurde über Nacht ein testosterondurchströmter Goldkettchen-Typ, quasi das Hemd aufgeknöpft, Schamacko-Glitzern im Blick.

Der süße Welpe war zum Macho geworden.

Einer, der nur noch eines im Sinn hatte: Frauen. Seine Sinne arbeiteten im Flirt-Modus, war keine Hündin zugegen, vergnügte er sich mit dem, was er an ihren Hinterlassenschaften fand: Er leckte an Stängeln, auf die vor Urzeiten ein Tropfen weiblichen Urins gefallen war, nahm den Geschmack nippend in sich auf und ließ ihn sich auf der Zunge und in jedem anderen, für erotische Gefühle zuständigen Körperteil zergehen. Danach pieselte er auf das Stängelchen, verteilte seinen Super-Sammy-Duft scharrend über die gesamte Fläche und stellte damit klar, dass jede Hündin, die des Weges kam, zu seinem Harem gehörte.

Irgendwann waren wir nur noch das Service-Personal, das den Hund zu seinen Gassigängen in Parks und Wälder kutschierte, damit er in Ruhe die schönsten Duftnoten in sich aufnehmen konnte, um dann von großer Hingabe ergriffen sein eigenes Liebesodeur zu verteilen. Hatte das Personal ihn dann in seine kuschlige Heimstatt zurückgebracht und ihm eine Mahlzeit gereicht, prüfte er naserümpfend deren Qualität und gab sich, statt zu fressen, lieber weiteren Träumereien hin.

Sam war tatsächlich in einem Maße hormonvernebelt, dass er das Fressen einstellte. So, wie man es von sich selber kennt, wenn der Appetit schwindet, weil man frisch verliebt ist, so war es offensichtlich auch bei Sam, nur, dass es bei ihm zu einer Art Dauerzustand wurde. Wir ließen das Trockenfutter weg und kredenzten erst süffiges Dosenfutter, dann Fleischknochen, Rinderherz und Pansen. Sam schnüffelte und legte sich nach einem kleinen Bissen seufzend auf seine Matte. Wir versuchten, ihm das Futter schmackhaft zu machen, indem wir kleine Mengen aus seiner Schüssel in die Hand nahmen und so taten, als würden wir sie selbst essen wollen. Er sah kurz auf und ließ uns dann mit der Futterschmiere auf der Hand einfach stehen.

Er magerte ab. Während sein Körper sich noch entwickelte und eigentlich jede Menge Nährstoffe brauchte, entschied Sam sich zur romantischen Askese. Zugleich entdeckte er, dass es nicht reichte, nur still verliebt zu sein. Er verstand, dass man Hündinnen sein Interesse aktiv vermitteln und zugleich anderen Rüden zeigen musste, dass man bereit war, sich ihnen in einem ehrlichen Kräftemessen zu stellen. Sam raufte. Er suchte nicht unbedingt die Konfrontation, aber er ging Auseinandersetzungen auch nicht aus dem Weg. Einmal machte er einem etwa gleich alten Rüden seinen Führungsanspruch mit einem gezielten Schnappen in die Seite klar. Es war das erste Mal, dass wir einem anderen Hundehalter anbieten mussten, die Tierarztkosten zu übernehmen.

Wir merkten, es ging nicht mehr. Wir mussten Sam erziehen.

4.
DER SCHEIN-COLLIE

Der Tag, an dem wir aus der Hundeschule flogen, weil sich Sam standhaft weigerte, auch nur einer unserer Anweisungen Folge zu leisten, stellte zugleich das Reset unserer Beziehung her. Geli rang sich, während wir gesenkten Hauptes vom Platz schlichen, noch dazu durch, uns eine Kollegin zu empfehlen, die ein Hundetraining anbot, das nicht zum Hundeschulstandard gehörte. Es ging dabei um Gehorsam und Kooperation und machte sich zugleich den Jagdtrieb des Hundes zunutze.

Es war noch immer Winter, als mein Mann und ich uns mit Kerstin, der neuen Trainerin, auf einem Hundeplatz in Schleswig-Holstein trafen. Sie war uns sofort sympathisch, eine positive, humorvolle Frau, die Sam erst einmal ausgiebig beobachtete, während sie sich mit uns unterhielt. Wir schilderten die Sachlage, die man auf den kurzen Nenner bringen konnte, dass Sam nicht hörte. Kerstin lachte, es war das beruhigende Lachen einer Frau, die genau weiß, was sie tut, und die uns das Gefühl gab, dass das große, furchtbare Drama, in dem wir seit Wochen gefangen waren, gar nicht so furchtbar und groß war, sondern normal und lösbar.

Sie stellte uns einige der Fragen, von denen ich später lernte, dass sie entscheidend sind, um die Grundlagen einer Mensch-Hund-Beziehung zu verstehen: Welchen Stellenwert hatte der Hund in unserem Leben? Wie viel Zeit räumten wir ihm ein? Planten wir auch mal unabhängig von ihm? Redeten wir überhaupt noch über etwas anderes? Wir gaben betreten zu, dass sich für uns derzeit tatsächlich alles um den Hund drehte, dass wir uns kaum mehr um Hobbys und Freunde kümmerten, nur noch eingeschränkt zum Sport gingen und ewig nicht mehr miteinander aus waren. Die erste Hausaufgabe, die sie uns gab, war, ins Kino zu gehen.

An Sam hatte sie ehrliche Freude. Sie fand ihn lustig in seiner Sturheit, die er auch ihr gegenüber zeigte, als sie ihn dazu bringen wollte, sich neben ihr abzulegen. Anders als Geli legte Kerstin nicht Hand an, sie ließ ihn gewähren und sagte: »Das bauen wir alles ganz neu auf.« Dann sagte sie noch, dass Sam ein guter Schauspieler sei. »Der spielt Collie, aber eigentlich ist er ein Schäferhund.«

Sie riet uns, an ihrem Grundkurs Dummy-Training teilzunehmen, der an den drei kommenden Samstagen stattfand. Kleine Gruppe, individuelles Training. Wir sagten zu, getragen von dem euphorischen Gefühl, dass jemand unsere Lage verstand und sich nun bald etwas in die richtige Richtung bewegen würde. Wir hielten beim Futterhausfressnapf und kauften das Dummy-Equipment für Einsteiger: eine Zehn-Meter-Leine und einen Futterbeutel, eine Art abwaschbares Etui aus robustem Leinenstoff.

Die Dummy-Arbeit beruht auf der einfachen Annahme, dass Hunde gern fressen und jagen und sie in Folge dessen ein Futterbeutel, der als Beute beides verbindet, ähnlich begeistert wie ein davonsprintendes Kaninchen. Allerdings finden Suche, Apport und Abgabe des Beutels nach festen Regeln statt, die der Mensch aufstellt und der Hund, hungrig und berauscht von den Freuden der Jagd, akzeptiert.

Die Gruppe bestand aus vier Teilnehmern: außer mir und Sam kamen noch eine ältere Frau, die ähnlich verzweifelt war wie wir und die einen anarchisch orientierten Riesenschnauzer führte, und zwei Frauen mit gehorsamen Settern und Labradoren, die die ganze Zeit an ihrer Seite darauf warteten, ein Kommando ausführen zu dürfen. Sam ignorierte die gehorsamen Jagdhunde und schloss sofort enge Freundschaft mit der Schnauzer-Hündin Jeanny. Es war Liebe auf den ersten Blick. Durften die Hunde kurz frei laufen, drehten sie im Gleichklang auf und verloren sich ganz in ihrer eigenen Welt der kumpelhaften Rüpelei.

Das Training begann mit Kerstins Ansage, dass die Hunde ab jetzt, von diesem Moment an, Samstag, neun Uhr, für eine sehr, sehr lange Zeit kein Futter mehr aus der Schüssel bekommen würden. Keine Würste, keine Kekse, kein Snack zwischendurch. Nichts aus der Hand oder aus der Tasche. Ab jetzt würden sie für ihr Fressen arbeiten: den Beutel holen, den wir ihnen warfen, und geduldig abwarten, bis wir den Reißverschluss aufgezogen und ihnen den Inhalt anboten. Futter gab es nur noch für Kooperation.

Wir starteten gleich in der ersten Stunde mit den Basisübungen, die im Prinzip darauf hinauslaufen, dass der Hund, an einer langen Leine gesichert, sieht, wie der Beutel fliegt, ihn auf das Kommando »Apport« hin holt und seinem Besitzer bringt. Der öffnet den Reißverschluss und tut so, als wolle er selbst daraus essen, damit der Hund ihn für den Boss hält. Chef ist, wer das Recht auf das erste Stück Fleisch hat. Erst wenn der Hund sich demütig abwendet, wird ihm der Beutel hingehalten.

Sam verstand den Ablauf schnell. Er lief, brachte, gab den Beutel ab, aber dann, hormondurchströmt wie er war, pickte er gelangweilt ein paar Brocken heraus. Ohne Interesse am Futter hatte er bald auch keinen Trieb mehr auf die Beuteljagd, aber Kerstin blieb unerbittlich: »Egal, wie wenig der Hund frisst – ihr zieht das durch. Keine Leckerli. So ein Hund kommt tagelang ohne Futter aus.« Für den Notfall gab sie uns ihre Handynummer.

Drei Tage fraß Sam nicht. Er apportierte, aber er sah nicht ein, warum er Trockenfutter aus einem Beutel fressen sollte, wenn wir ihm doch sonst gedünsteten Blättermagen an einer Komposition aus Honig und Haferflocken servierten, die wir mit liebevollen Worten versahen, um ihn zum Verzehr zu bewegen.

Am vierten Tag wählte ich Kerstins Nummer, voller Sorge, Sam erleide gerade einen ernährungsphysiologischen Mangel, der nie wiedergutzumachen wäre. Sie sagte stattdessen: »In Sam arbeitet es gerade, das ist gut. Er will noch nicht akzeptieren, dass ihr jetzt die Regeln aufstellt. Aber auch verliebte Rüden haben irgendwann Hunger.«

Wir machten einen Deal: Wir durften Nassfutter und als ultimatives Lockmittel »Frolic für unterwegs« in den Beutel füllen, das aufgrund irgendwelcher industrieller Duft- und Verführungsstoffe erfahrungsgemäß jeden Hund in die Knie zwingt.

Es half tatsächlich. Sam witterte das Frolic, jagte dem Beutel nach, gab ihn uns ab und fraß ihn leer. Wir jubelten, erleichtert und stolz, nun wirklich mit ihm auf eine andere Art zu kommunizieren: Wir versuchten nicht mehr fruchtlos, durch gutes Zureden etwas bei Sam zu erreichen; jetzt arbeitete er wirklich mit uns zusammen.

Kerstin hatte uns aufgetragen, drei Mal am Tag außerhalb unserer Hauses und des eigenen Gartens zu üben. Der Hund sollte nicht in seinem bekannten Territorium arbeiten, weil sich dort schon Verhaltensmuster festgesetzt hatten, und die sollte das Training ja durchbrechen.

Allerdings ist es schwierig, im urbanen Umfeld ein komplexes Outdoor-Training durchzuführen, ohne dass die Leute gucken. Ich entschied mich für einen kleinen Parkplatz hinter einer Bushaltestelle, der an meiner morgendlichen Gassirunde lag. Die Leute, dic auf den Bus um 6.45 Uhr Richtung Bahnhof Altona warteten, schauten natürlich so interessiert wie verständnislos zu, wenn ich mit meiner kleinen Revue begann, aber ich beschloss, das auszublenden.

Ich packte meine Tupperdosen aus, füllte Dosenfleisch in einen Plastikbeutel, den ich in den Dummy legte, damit das weiche Fleisch den Beutel nicht durchtränkte, garnierte das mit ein paar Frolic, entwirrte die Zehn-Meter-Leine, hängte Sam daran, warf den Beutel, bejubelte Sam für seinen Apport, als habe er eine Höchstmarke im Spitzensport geknackt, und tat dann so, als wolle ich das Dosenfleisch selbst aus dem Beutel lecken. Ich glaube, manche Pendler nahmen extra den Bus um 6.45 Uhr, der guten Unterhaltung wegen. Manchmal gab es Applaus.

Am nächsten Samstag präsentierte ich stolz unseren Trainingsstand und erntete Lob und nette Worte. Das war neu. Ich schloss die Leute in meiner Gruppe aus Dankbarkeit in mein Herz und hatte für den Rest des Tages gute Laune.

Mein kleiner Erziehungserfolg motivierte mich, umgehend weitere Problemfelder anzugehen. Ich dachte, dass wenn sich unsere Beziehung gerade neu ordnen würde, sei dies das richtige Zeitfenster, um auch eine Lösung für andere latent nervige Verhaltensweisen zu finden. Sams Buddelwahn im Garten zum Beispiel.

Unser Rasen, muss man sagen, ist von einem so vollen, satten Grün, dass, wenn Freunde zu Besuch kommen, sie jauchzend ihre Schuhe ausziehen, um barfuß darüber zu laufen. Unser Rasen ist schön. Mein Mann investiert viel Zeit in ihn, er vertikutiert, er düngt, er mäht.

Sam brauchte nur wenige Minuten, um alles zu zerstören. Ein Maulwurf war nichts dagegen. Unterbanden wir sein Tun an einer Stelle, machte er sofort an einer anderen weiter. War er mit dem Rasen fertig, ging er in die Beete, legte Rhododendrenwurzeln frei, feuerte mit seinen Vorderläufen frisch gesetzte Blumenzwiebeln wie Geschosse in hohem Bogen über das Gelände.

Ich suchte Hilfe im Internet und fand einen Buddel-Chat. Die Teilnehmer empfahlen, dem Hund eine Alternativfläche, auf der Graben erlaubt sei, anzubieten: Man sollte selbst mit Leidenschaft darin herumpflügen, damit der Hund verstand, dass es gutes und schlechtes Buddeln gäbe, und dies, weil von Frauchen autorisiert, gutes Buddeln sei. Zugleich solle das die Mensch-Hund-Beziehung verfestigen, weil man etwas gemeinsam tue.

Wir fuhren ins Bauhaus und kauften Sand, schleppten die Säcke in den hinteren Teil des Gartens, dorthin, wo die Nachbarn am wenigsten zusehen konnten, und schütteten eine Fläche auf. Dann ließen wir Sam in den Garten, ich kniete mich in den Sand und gab enthusiastische Laute von mir. Sam stürzte sich sofort mit ins Vergnügen. Er grub sich ein, wälzte sich im frischen Sand. Ich lobte ihn, wir schaufelten. Dann schüttelte Sam sich. Sprintete über den Rasen und buddelte schwungvoll an seiner Lieblingsrasenstelle weiter.

Ich rief, aber Sam, schwer motiviert durch die Aufwertung, die seine Lieblingsbeschäftigung durch mich erfahren hatte, war im Rausch. Wir mussten ihn am Halsband ins Haus zerren, er sah uns verständnislos an.

Eine Woche verführten wir ihn täglich zum Buddeln an der erlaubten Stelle; vor allem mein Mann, der seinen Rasen liebt, engagierte sich sehr. Aber wenn wir nur eine Minute nicht hinsahen, war Sam wieder an seinen Lieblingsstellen in Gras und Beet.

Wir gaben auf. Verteilten den Sand auf den Beeten und ließen die hündischen Urkräfte walten. Auf der Liste derjenigen Dinge, die uns am meisten an Sam nervten, setzten wir die Buddelei erst mal in Klammern.

An anderer Stelle verbuchten wir dagegen einen Erfolg: Wenn wir sahen, dass Sam eine Ballschleuder ins Visier nahm, warfen wir den Futterbeutel und konnten so – jedenfalls manchmal und wenn wir wirklich schnell genug reagierten – verhindern, dass er kopflos davonstürzte. Wir hatten jetzt ein alternatives Angebot für ihn, und das gab uns die Möglichkeit, ihn ein klein wenig zu steuern.

Nur leider hat man natürlich nicht in jeder Situation einen Futterbeutel zu Hand, schon gar nicht, wenn man nur kurz auf der Straße Gassi geht. Dort tat sich inzwischen ein neues Problem auf. Sam sprang Passanten an. Ob an der Leine oder ohne, ob auf dem Gehweg, wenn ich kurz zum Plausch stehen blieb, oder in der Warteschlange vor dem Eisladen: Sam warf sich jedem freudig in die Arme. Ich las im Internet, dass Hunde den Mund des Menschen für die Lefzen halten, die sie wie bei einem anderen Hund zur Begrüßung lecken wollen. Ich glaube aber, dass es für Sam eine mindestens genauso große Rolle spielte, dass ihm die Anspringerei einfach Spaß machte.

In unserer Straße gibt es eine Seniorenwohnanlage, in der viele freundliche ältere Damen leben, die Sam hatten aufwachsen sehen und die ihn nun jedes Mal nett ansprachen. Sprang Sam, inzwischen gut 60 Zentimeter groß, für ein kleines Dankeschön an ihnen hoch, bestand Sturz- und Knochenbruchgefahr. Wir mussten etwas tun. Ich nahm allen Mut zusammen und rief Geli an, die uns, weil wir nun eifrig in der Dummy-Gruppe arbeiteten, in Gnaden wieder in ihre Gruppe aufnahm.

Schon in der ersten Trainingsstunde stellte Sam unter Beweis, dass er noch ganz der Alte war. Er kasperte herum, ließ sich bei Übungen zur Leinenführigkeit so hartnäckig nicht führen, dass der Karabiner aus seiner Leine brach. Er kläffte, wenn wir ihn anbanden, er sprang mich von hinten an. »Macht er das öfter?«, fragte Geli besorgt. »Du weißt, dass das eine krasse Maßregelung ist?« Ich sah ihren Blick, der sagte: Es hat sich nichts zwischen euch geändert. Du bist immer noch zu weich.

Ein paar Tage später traf ich sie auf dem Parkplatz am Hundewald. Wir kamen vom Spaziergang, ich öffnete die Kofferraumklappe, ich sagte hopp, und wie immer sprang Sam nicht hinein. Ich sagte hopp und wieder hopp, Sam schaute nur und wartete ab, wann ich ihn seufzend hineinheben würde, was er in der Regel mit einem selbstgefälligen Blick quittierte, weil er das Hineinheben als schönen Service betrachtete.

Geli sah es. Sie nahm mir die Leine aus der Hand, sagte hopp, und Sam sprang. Ich war beschämt. Sie sagte: »Er manipuliert dich, er trifft die Entscheidungen, und du reagiert immer nur und merkst es nicht mal.«

Dann sagte sie: »Wenn ihr wollt, nehme ich ihn jetzt hier und auf der Stelle mit und behalte ihn eine Woche bei mir.«

Ich blicke Sam an, Sam schielte zu Geli. Ich dachte: »Es stimmt ja, so geht es nicht weiter. Wir scheitern andauernd an den kleinsten Dingen.«

5.
IM BOOTCAMP

Ich rief meinen Mann an, er stimmte sofort zu, beseelt von der Aussicht auf eine stressfreie Woche, in der wir wieder leben konnten wie früher: lange schlafen, herumbummeln. Die Bleche von den Möbeln nehmen und ohne Buddelalarm im Garten sitzen. Auf einem Liegestuhl liegen, die Augen schließen und wissen, dass zehn Kilometer Luftlinie von uns entfernt Sam gerade die Lektion seines Lebens erhielt.

Geli sagte: »Bis nächste Woche. Du musst nicht anrufen, Sam geht's gut.« Dann lud sie ihn in den Kofferraum ihres Rovers und fuhr davon.

Auf dem Heimweg, allein im Auto, schwankte ich zwischen Hoffnung und dem miesen Gefühl, unseren armen, verletzlichen Hund gerade einer fremden Gewalt stalinistischer Härte ausgeliefert zu haben. Denn Geli konnte sehr zupackend und durchsetzungsstark sein. Aber ich wusste auch, dass sie viel von Hunden verstand und vor allem: dass es sein musste. Sam musste Grenzen erfahren, und wenn wir dazu zu blöd waren, musste es eben jemand anderes machen.

Es dauerte nicht lange, und die Euphorie über das hundefreie Leben schmolz dahin. Ich schaute wehmütig auf Sams Wassernapf, der nun unbenutzt herumstand, ich fuhr mit den Fingern die Rillen im Holz unserer Möbel ab, in die Sam seine Zähne geschlagen hatte. Ich räumte sein Spielzeug zur Seite, seine Bälle, die Stoffente, die er als Welpe liebevoll zerfetzt hatte und die als schnabelloser Rumpf im Schlauchboot überlebt hatte. Wir betrachteten Sammys Welpenfotos, Dokumente liebenswerter Unschuld. Wir wurden sentimental.

Die Gespräche drehten sich bald nur noch darum, wie es Sam wohl ginge. Was genau Geli mit ihm in dieser Woche tun würde, hatte sie nicht gesagt. Er sollte »normal bei ihr mitlaufen«, was wahrscheinlich bedeutete, dass er einfach eine Woche keine Beachtung finden würde und wenn doch, dann nur, weil sein Verhalten korrigiert wurde.

Nach vier Tagen hielten wir es nicht mehr aus. Wir passten eine Stunde ab, von der wir sicher wussten, dass Geli auf ihrem Hundeplatz Unterricht gab, und fuhren hin. Wir parkten eine Straße weiter und näherten uns vorsichtig. An der Einzäunung des Platzes fand sich ein üppiges Gebüsch und wir duckten uns hinein.

Geli hatte gerade ihre neue Junghund-Gruppe da und erklärte den Haltern die Grundlagen der Hundebegegnung an der Leine, Sam war hinter ihrem Auto an der Anhängerkupplung angebunden. Ich fand, dass er dastand wie ein Häufchen Elend, die Rute gesenkt, der Blick leer. Mein Mann fand, dass er dünner wirkte. Aber wir sahen auch: Er bellte nicht. Er war auf »seinem« Hundeplatz, es waren jede Menge Artgenossen zugegen, er bekam keine Aufmerksamkeit, und dennoch ließ er keinen Prostest hören.

Es war ein anderer Sam.

Die Woche ging zäh herum, dann war endlich Übergabetag, wir fuhren gemeinsam zur verabredeten Zeit zum Treffpunkt und warteten nervös. Geli kam, öffnete die Heckklappe ihres Rovers, Sam sprang heraus, sah uns und begrüßte uns so verhalten, dass wir nicht sicher waren, ob er uns tatsächlich erkannte und wenn ja, ob er uns spüren lassen wollte, dass er sich verraten fühlte. Geli sagte: »Entspannt euch, es war alles gut, wir hatten keine Probleme.«

Dann erklärte sie, was sie mit »keine Probleme« meinte: Sie hatte ihn, wann immer sie sein Verhalten zu aufdringlich oder bestimmend fand, in ihr Auto verfrachtet, die ersten Nächte hatte er dort geschlafen. Danach durfte er ins Haus, wurde aber wieder ausquartiert, weil es Streit mit der Katze gab. Uns stockte der Atem, der Hund, das Rudeltier, allein in einem fremden Auto, Nacht für Nacht. Aber Geli lachte und sagte: »Das kann er nun wirklich ab.«

Sie hatte ihn zu allen Spaziergängen und Hundekursen mitgenommen, aber er durfte nur zuschauen, und wenn er bellte, kam er wieder ins Auto. Nebenbei hatte sie ihm den Rückruf mit der Pfeife beigebracht. Zwei kurze Pfiffe, und der Hund kam und saß ordentlich vor. Zur Belohnung durfte er dann Leberwurst aus einer Tube lecken. Sie sagte, Sam sei ein freundlicher, sensibler Hund, auch wenn er das manchmal verberge. Aber allein die Tatsache, dass sie ihn unter ferner liefen behandelt habe, hätte genügt, ihm sämtliche Marotten abzugewöhnen. Dann sagte sie: »Das Problem ist die Sexualität. Er ist hypersexuell. Er kann vor lauter Hormonen nicht klar denken. Ihr müsst ihn kastrieren, dann habt ihr einen tollen Hund.«

Die ersten zwei Tage nach dem Camp schlief Sam fast komplett durch. Dann tastete er sich vorsichtig in sein altes Leben zurück. Wir versuchten, ihn weniger zu beachten, so, wie Geli es uns geraten hatte. Aber wir waren auch heilfroh, dass er sein zögerliches, verstörtes Verhalten langsam wieder ablegte. Tatsächlich waren seine Grundparameter ein wenig verschoben: er hörte besser, der Rückruf mit Pfeife, wofür es immer ein Stück Futter gab, klappte perfekt.

Wir nahmen uns fest vor, ihm in unserem Leben von nun an deutlich weniger Raum zu geben. Kerstin, bei der wir jetzt jeden Samstag trainierten, empfahl uns dafür ein Programm, das sie die »Drei-Wochen-Kur« nannte. Es stellte einen radikalen Bruch zu all unseren Gewohnheiten dar: Der Hund durfte drei Wochen lang nur zur Fellpflege berührt werden. Kein Streicheln, kein Kuscheln, keine Hand, die beim Fernsehen ganz nebenbei dem schlafenden

Hund die Ohren krault. Nur die Berührung mit der Bürste war erlaubt.

Und wir durften nicht mit ihm reden, drei lange harte Wochen lang nicht, außer, es ging um wesentliche Mitteilungen wie Rufe und die für die Futterbeutel-Arbeit notwendigen Kommandos. »Er wird sich wundern und dann daraus den Schluss ziehen, dass er um euch buhlen muss«, sagte Kerstin. »Er wird aufmerksamer und dankbarer für jede Zuwendung, die er bekommt.«

Die Theorie leuchtete uns ein. Wir wollten nach der aufreibenden Bootcamp-Zeit nicht wieder in alte Muster zurückfallen. Deshalb beschlossen wir, es zu versuchen.

Wenn man einmal darauf achtet, stellt man fest, dass man eigentlich permanent mit seinem Hund redet oder ihn anfasst, oft vollkommen absichtslos. Für den Hund ist das ständige Gerede eine Art Grundrauschen, er hat gelernt, dass die Welt in Ordnung ist, wenn es aus Frauchen heraus plappert, und er weiß zugleich, mit welchem Blick er totsicher einen Streichler einfährt.

Nun aber wurde er kommentarlos angeleint, um schweigend die Straße entlanggeführt zu werden. Nun trat ich, wenn er abends freudig wedelnd an die Tür kam, um mich zu begrüßen, schweigend ins Haus, die Arme fest an den Körper gepresst, um ja nicht aus Versehen auf Sams Freudentanz zu reagieren. Ein Lächeln, das war die maximale Zuwendung.

Gut fühlte sich das nicht an. Ich kam mir vor wie das hartherzigste Wesen auf der ganzen Welt. Seinen Hund zu knuddeln bedeutet Glück, Oxytocine werden freigesetzt, Bindung entsteht. Ich merkte, wie sehr ich das vermisste. Meinem Mann ging es nicht anders. Wir lebten in ständiger Selbstkontrolle, den Hund nicht unbedacht zu kraulen. Abends weinten wir in unsere Kissen. Alle drei.

Aber wir hielten durch. Nach den ersten Tagen begann Sam, sich von uns abzuwenden, so, als habe er beschlossen, da von uns nichts mehr zu erwarten sei, ein autonomes Leben zu führen. Er kam nicht mehr an die Tür, wenn ich abends nach Hause kam. Oder er drehte gleich wieder ab, wenn er feststellte, dass er auch an diesem Abend allenfalls ein Lächeln zu erwarten hätte. Er folgte uns eher ratlos auf den Spaziergängen, er legte sich abends nicht mehr neben meinen Sessel.

Natürlich waren wir nur mäßig glaubwürdig in unserer neuen Rolle. Die Souveränität, die es braucht, um dem Hund trotz der Verhaltensänderung ein Gefühl von Sicherheit zu geben, hatten wir nicht. Wir hätten überzeugend auftreten müssen, ihm zeigen müssen, dass wir wissen, was wir tun, und dass er sich nicht entwurzelt fühlen muss. Aber das ging nicht, wir waren zu unerfahren und selbst viel zu mitgenommen. Sam verstand die Welt nicht mehr, weil er uns nicht mehr verstand. Er zog sich traurig auf seine Decke zurück.

Aber weil unter seinem Collie-Fell eben auch ein Schäferhund-Herz schlägt, beschloss er zu kämpfen. Er begann, an seinem Hinterlauf herumzulecken. Wir bemerkten es erst, als sich die Stelle rot färbte, die Haare darüber waren dünn geworden. Zwangsläufig mussten wir ihn nun im Auge behalten, um das Lecken zu unterbinden, und wir taten es weit weniger dezent, als wir dachten. In Sam keimte Hoffnung auf. Er bekam wieder Aufmerksamkeit. Und er konnte sie sogar steuern. Er merkte, dass er in den Besitz einer mächtigen Waffe gelangt war: Seine Zunge musste nur hörbar über das Fell reiben und wir sprangen auf. Das Lecken war wie eine Fernbedienung, mit der er uns steuern konnte.

Bald leckte er nahezu immer, als habe er keine andere Aufgabe im Leben. Wir mussten ihn ständig kontrollieren. Wenn wir in der Küche beim Essen saßen, mussten wir ihn so vor der Küchentür ablegen, dass wir ihn sehen konnten. Wir brachten im Wohnzimmer Spiegel an, damit wir ihn aus jeder Perspektive beobachten konnten, ohne dass er es bemerkte, aber natürlich wusste er, dass unsere Gedanken die ganze Zeit um ihn kreisten.

Bald war sein Bein fast blutig, er leckte auch nachts, wir schliefen abwechselnd auf einer Gästematte neben seinem Hundebett. Am dritten Tag gingen wir zum Tierarzt. »Leck-Ekzem«, stellte die Tierärztin fest, verband das Bein, verschrieb eine kortisonhaltige Salbe und gab uns einen Trichter mit, den er bis zur Abheilung tragen sollte. Das Ding hatte, analog zur Länge einer Collie-Nase, die Größe eines Lampenschirms.

Nun hatte Sam ein weiteres Druckmittel: Weil er mit dem Trichter um den Hals nur ungeschickt durch das Haus navigieren konnte, sich ständig an Türzargen stieß oder sich beim Versuch, das lästige Teil loszuwerden, an der Wand rieb, mussten wir weiterhin permanent auf ihn achten. Es war ein Teufelskreis.

An Tag zwölf der Drei-Wochen-Kur kapitulierten wir. Der Hund stand da mit wundem Bein und Riesentüte um den Hals, Türen und Mobiliar waren um etliche Spuren der Verwüstung reicher, die Wände waren endgültig ramponiert, und wir völlig am Ende, körperlich wie seelisch. Sollte der Hund doch machen, was er wollte. Dies war unser Zuhause, der Ort, an dem wir in Frieden leben wollten. Wir hatten uns einen Hund gekauft, um ein freudvolles Leben zu dritt zu führen. Dies war das genaue Gegenteil davon. Dann blieb Sam eben ein Rabauke, Hauptsache, wir durften wieder normal mit ihm umgehen. Alles andere war uns erst mal egal.

Sam brauchte genau einen Tag, um wieder der Alte zu werden. Die Leckerei hat er allerdings nicht mehr vergessen. Sie ist seither sein Ass im Ärmel, das er als probates Mittel gegen alle Arten von mangelnder menschlicher Kooperation einsetzt. Noch heute schleckt er sich manchmal dezent über die Stelle, wenn er findet, dass wir ihm nicht genug unserer Zeit widmen. Nur so, als kleiner, ferner Gruß.

6.
DER MACKER

Natürlich bleibt es auch für die Umwelt nicht folgenlos, wenn ein junger Rüde kaum Grenzen kennenlernt, weil er sich dann seine eigenen schafft. Grenzen, die sein Reich markieren, in denen niemand sonst etwas zu melden hat und die kläffend verteidigt werden.

Sam war territorial. Das steckte zum einen tief in ihm drin, wurde aber durch uns, seine schwachen Gefährten, auch in einem solchen Maße begünstigt, dass er nicht nur Haus und Garten, sondern gleich die ganze Straße annektierte.

Es begann mit einem Rüden, den wir bald nur noch den »Feind« nannten, ein freundlicher Struwwel gleichen Alters und gleicher Größe, der nie auch nur eine Braue hob, wenn wir ihm begegneten, während Sam schon eine Bürste bekam, wenn er nur dessen Hinterteil um die Straßenecke verschwinden sah.

Anfangs hatte uns die Besitzerin des »Feindes« noch jedes Mal im Vorbeigehen gute Ratschläge zugerufen: den Hund abzulenken und Leckerli hineinzustopfen, wenn er ruhig wäre. Oder einfach so entschlossen »NEIN« zu sagen, dass Sam sich daran halten müsse. Beides funktionierte natürlich nicht, allein, weil ich selbst bei Struwwels Anblick, genauer gesagt schon beim fernen Anblick der weißen Mütze seiner Besitzerin, so nervös wurde, dass Sam daraus folgern musste, dass die beiden wirklich eine sehr ernste Bedrohung darstellten.

Längst wechselten wir die Straßenseite, wenn wir sie kommen

sahen, aber es half nichts: Ich erschrak, Sam warf sich in die Leine, ich konnte nur noch versuchen, ihn zu halten. Hilflos brüllte ich »Nein« und »Aus«, womit ich ihn nur noch mehr anstachelte, weil Anbrüllen in so einer Situation für einen Hund klingt wie Mitbellen.

Begegneten sich Sam und sein Feind unangeleint im Park, passierte nichts. Sam stürzte zwar aufgeregt nach vorn, mackerte ein wenig herum, ging aber mit dem Rivalen nicht auf Tuchfühlung, sondern rannte in planloser Wichtigkeit um ihn herum. Unschön für alle Beteiligten und unbedingt zu unterbinden war das natürlich dennoch, auch, weil aus ungehobeltem Gehabe irgendwann Aggression werden kann.

Unangenehmerweise liegt der Weg, auf dem wir uns an jedem Morgen trafen, zwischen einer Grund- und einer Stadtteilschule. Für die Kinder, und noch mehr für deren Mütter, sah Sam wie ein Monster aus, das bereit war, alles zu fressen, was seinen Weg kreuzte, süße struwwelige Hunde wie kleine Kinder mit großen Ranzen. Die Mütter tuschelten und blickten angstvoll in meine Richtung. Was sie sahen, war – und ich kann jede Mutter sehr gut verstehen, die diesen Anblick beunruhigend findet – eine überforderte Frau mit lautem Rüden. Ein ungünstigeres Bild kann man vor einer Schule nicht abliefern.

Geli riet mir, statt nutzlos »Nein« und »Aus« zu brüllen, lieber einen Satz zu suchen, der von Herzen kam, so etwas wie »Ich will das nicht!!!«, ich sollte alle Authentizität hineinlegen, die ich aufbringen konnte, damit Sam mich ernst nahm. »Etwas, das deine wahren Emotionen spiegelt«, hatte sie gesagt. »Dann bist du glaubwürdiger.« Also stand ich vor der Schule und brüllte: »Ich will das nicht!«. Es beruhigte zwar weder Sam noch die Mütter, aber es half immerhin, mir Luft zu machen.

Da ich Sam bei Struwwels Anblick nicht beruhigen konnte, blieb nur, eine gute Problemvermeidungsstrategie zu entwickeln. Ich spionierte Struwwels Besitzerin aus, Gewohnheiten, Lebensumstände. Ich schaute, wann in ihrem Badezimmer Licht brannte, wann das Auto im Carport parkte. Ich stellte fest, dass sie jeden Morgen gegen halb sieben das Haus mit dem Hund verließ und dass sie unseren Block häufiger links- als rechtsherum umrundete. Ich notierte, dass sie mittwochs meistens eine halbe Stunde später dran war. Ich rechnete aus, dass ich etwa eine dreiviertel Stunde früher aufstehen musste, um ihr zu entgehen. Was ich tat. Ich stand um 5.45 Uhr früh auf, verzichtete auf Kaffee und Dusche und schnappte mir als Erstes den Hund, um einen gefahrlosen Gassigang zu absolvieren. Hinterher war ich zwar müde, aber dennoch gut gelaunt, weil ich der morgendlichen Demütigung entgangen war.

Die Strategie funktionierte ein paar Wochen, dann hatte Sam einen neuen Feind. Feind zwei war Kalle, ein Jagdhund, seine Besitzer ein nettes älteres Ehepaar, das schräg gegenüber wohnte.

Ich glaube, wir taten ihnen leid, und womöglich hatten sie auch wenig Lust, für die nächsten zehn, zwölf Jahre jeden Tag von einem ungehobelten Collie angekläfft zu werden. Jedenfalls boten sie an, dass wir uns im Park treffen und die beiden Hunde kontrolliert zusammenführen könnten. Ich willigte sofort dankbar ein, und gemeinsam entwickelten wir einen Plan.

Wir wollten uns, beide Hunde an der Leine, immer weiter nähern, um zu sehen, ob sich Sams Erregung irgendwann legte. Schließlich würden wir, wenn es gut liefe, die Hunde ableinen. Da Sam keine Probleme mit Hunden im Freilauf hatte, hoffte ich, die beiden würden sich einfach beschnüffeln und Frieden schließen.

Sam traute seinen Augen nicht, als er im Park auf der anderen Seite der Hundewiese Kalle erblickte. Er bellte wie verrückt, ich griff die Leine fester, bereit, das Experiment jederzeit abzubrechen, sollte er nicht zu beruhigen sein. Eine halbe Stunde lang näherten wir uns in einer Art Zeitlupen-High-Noon Meter um Meter. Irgendwann begann Sam sich zu langweilen und entspannte ein wenig.

Schließlich wagten wir es, ein Stück neben Kalle und seiner Besitzerin herzulaufen, und Sam hielt es, wenn auch mit Murren, aus. Ich war begeistert. Es würde niemals eine Freundschaft werden, aber vielleicht eine geräuscharme Koexistenz.

Wir vereinbarten, von nun an regelmäßig zu trainieren. Aber jedes Mal, wenn sich die beiden in ihrer vertrauten Umgebung trafen, fiel Sam sofort ins alte Muster zurück: Er sah Kalle und rastete aus. Schon wenn wir das Haus verließen, war er im Alarmmodus: Blick zum Garten gegenüber, die Ohren aufgestellt, die Rute steil aufgerichtet, Hechelgeräusche.

Kalles Besitzerin warf mir eines Tages einen Zettel in den Briefkasten, dass sie leider das nächste Training und auch das darauffolgende absagen müsse. Der Wink war höflich und zugleich deutlich, und ich konnte es ihr nicht verdenken. Warum sollte sich Kalle mit einem wild gewordenen Macker herumstressen, wenn sich keine echte Besserung zeigte?

Und es blieb nicht bei Struwwel und Kalle. Ab Feind fünf hörten wir auf zu zählen. Irgendwann waren fast jeder Rüde und jede selbstbewusste Hündin, die Sam an der Straße traf, ein rotes Tuch. Eines Tages erzählte mir mein Mann, dass Sam im Park an der Leine bei einem Hund ausgerastet sei, den er noch nie zuvor gesehen hatte.

Es gibt mehrere Theorien darüber, warum ein Hund zum Leinen-Rambo wird, aber jede lässt sich auf einen einfachen Nenner bringen: Die Beziehung stimmt nicht. Der Hund denkt, er muss seinen Besitzer beschützen, die Sache selbst in die Hand nehmen, und der Besitzer gibt ihm hinreichend Grund dazu. Wenn ich heute an diese Zeit denke, neben mir mein elfjähriger Rüde, ein sanfter, entspannter, fröhlicher Hund, den ich heute nur noch führe, indem ich ihn wahrnehme, nicht mehr viel sagen oder lenken oder über die Leine regeln muss (außer, Kalle kommt von vorn oder es liegt ein Wurstbrot im Gebüsch), dann bewundere ich ihn dafür, wie er es geschafft hat, in all unserem Erziehungskuddelmuddel so ein klarer Hund zu bleiben. Damals aber waren wir vollkommen hilflos, und ich bat Geli ein weiteres Mal um Rat. Wir vereinbarten, gemeinsam an der Straße entlangzugehen, und sie wollte beobachten, wann Sam auslöste.

Sam sah Geli und verfiel sofort in Anbiederei. Wahrscheinlich tauchten vor seinem geistigen Auge Erinnerungen an einsame Nächte in Gelis Jeep auf; jedenfalls umgarnte er sie, als sei sie der großartigste Mensch in seinem Leben, er ließ sich artig anleinen und lief gemeinsam mit ihr ohne ein Schnüffeln die Straße entlang. Das andere Hundevolk ließ er komplett unverbellt vorüberziehen.

Dann erschien Kalle. Sam stellte die Ohren auf, und Geli packte ihn in derselben Sekunde an der Seite und rupfte am Fell, dass er vor Überraschung aufquiekte. Weil er Kalle trotzdem weiter beobachtete, zog sie ihm mit einem kurzen Tritt die Hinterläufe unterm Körper weg. Sam fiel völlig verblüfft um. Ich erschrak. Rohe Gewalt, das ging mir zu weit. Der arme Hund.

Geli winkte ab. »Bei dem muss man körperlich werden«, sagte sie, »sonst dringt man nicht zu ihm durch. Jetzt machst du das mal.« Sie bat Kalles Besitzerin, noch einmal auf uns zuzukommen, drückte mir Sams Leine in die Hand und ließ uns loslaufen. Kalle erschien, Sam fuhr hoch und ich versuchte halbherzig, ihn zu Fall zu bringen, ich hatte Angst, ihm die Beine zu brechen. Ich wollte einfach nicht grob werden. Mein zarter, schöner Sam.

Geli zuckte die Schultern und sagte: »Entweder du setzt dich endlich mal durch oder es ändert sich nie etwas. Entscheide dich.«

Abends beriet ich mich mit meinem Mann. Auch er fand, dass Geli zu rabiat gewesen sei. Eine Alternativ-Idee hatte er aber auch nicht. Sein Einfluss auf Sam war nicht größer als meiner, auch ihn frustrierten die ewigen Rückschritte, die wir machten. Und doch steckte er es irgendwie besser weg. Während für mich der Tag nach einem morgendlichen Feindkontakt gelaufen war und ich danach an meinem Schreibtisch im Büro wieder und wieder die kritische Szene durchging, mit allen dazugehörigen Scham- und Ohnmachtsgefühlen, grämte er sich kurz und wandte sich dann wieder dem Alltag zu.

Dafür beneidete ich ihn. Wir hatten zwar nie gemeinsam rosarote Hundefantasien gesponnen, aber wir hatten uns doch gewünscht, dass der Hund unser Leben bereichern und nicht verkomplizieren würde. Aber wir waren uns auch einig: Sam gehörte zu uns, wir waren in einer Anlaufphase, die irgendwann enden würde. Das schweißte uns zusammen, ein gemeinsames Projekt, das uns gleichermaßen forderte. Wir wiesen uns keine Schuld zu, wir wussten, dass wir beide Fehler machten. Und wir spürten, dass Sam uns trotz allem gut tat: Wir lachten viel häufiger als früher, einfach, weil Sam so unverstellt fröhlich war und uns ansteckte. Wir hatten einen vergnügten, stabilen, wunderschönen Hund, und das färbte auf unsere Stimmung ab.

Wir mussten erziehungstechnisch einfach nur noch die richtige Stellschraube finden.

7.
EIN HALBER SAM?

»Ihr müsst ihn kastrieren«, sagte Geli.

»Ihr müsst ihn kastrieren«, sagte Kalles Frauchen.

»Könnte helfen«, fand Kerstin.

»Der Hund ist hypersexuell«, sagte die Tierärztin.

Es gibt sexverrückte Hunde, die auf alles aufreiten, was sich ihnen bietet. Ich kenne Rüden, die, wenn sie bei einer Hündin nicht zum Zug kommen, den nächstbesten Baumstamm rammeln. Andere fahren sofort ihr Geschlechtsteil aus, wenn sie nur weiblich wiegende Hüften sehen, gerade bei Kurzhaarrassen ist das auf peinlich intime Weise gut zu beobachten.

Sam war eher der Typ Kavalier alter Schule. Er näherte sich einer Hündin dezent absichtsvoll, er wurde nie grob, auch wenn er hartnäckig am Ball blieb. Und das blieb er, denn seine Sturheit brachte es mit sich, dass für ihn ein einmal empfundenes Verlangen unabdingbar war. Nicht primär körperlich, eher ließ die Sehnsucht in seinem Hirn keinen anderen Gedanken mehr zu. Sam war einer, der die Liebe als Vorstellung genoss, der sich ganz der Schönheit des Begehrens hingab, und das im Prinzip rund um die Uhr.

Er war jetzt fast eineinhalb Jahre alt und immer noch untergewichtig, weil er vor Hormontrubel nach wie vor nicht an Essen denken konnte. Das Dummy-Training war noch immer tendenziell mühsam, weil ihn der Beutelinhalt nicht wirklich interessierte und Jagd für ihn unterhaltsam, aber kein Lebensthema war. Einmal trainierten wir auf einer Wiese, den Hund in Richtung Futterbeutel zu schicken, ihn dann auf halbem Weg zu stoppen und Sitz machen zu lassen. Es klappte bei allen, doch als Sam an der Reihe war, lief er kläffend ein paar Meter, brach dann aus, um an der Einzäunung der Wiese nach einer Stelle zu suchen, die wichtig roch. Während ich ihn rief, markierte er seelenruhig auf das Gras und scharrte dann beherzt, um der Bedeutung seines Tuns Nachdruck zu verleihen.

Alle schauten genervt, weil Sam das Training aufhielt. Kerstin beobachtete Sam, dann mich, dann sagte sie (und leider fehlte ihrem Ton jede freundliche Ironie, die ich sonst von ihr kannte): »Schau's dir genau an. Das ist jetzt dein Hund, das Endprodukt deiner Erziehung. Sam ist jetzt fertig. Sein Wesen, eure Bindung – alle wesentlichen Weichen sind gestellt. Das, was du da siehst, ist dein Hund für die nächsten Jahre.«

Das also war die Wahrheit. Das Ergebnis meiner »Wir-werden-schon-aus-Liebe-ein-gutes-Team«-Pädagogik. Er war eine Seele von Hund, aber er machte, was er wollte. Und der Hormonnebel, in dem er lebte, verkomplizierte alles, wir drangen einfach nicht zu ihm durch.

Kerstin sah mich nachdenklich an. »Lasst euch doch wenigstens mal in Sachen Kastration beraten«, sagte sie. »Wenn ihr jetzt nichts unternehmt, verfestigt sich sein Verhalten immer weiter.«

Sie hatte ja recht. Aber wann immer wir in diese Richtung dachten, setzte sofort die immer gleiche Bedenkenschleife ein: Darf man einem Tier das antun? Ihn seiner geschlechtlichen Identität berauben? Ein gesunder Hund, den man in Narkose legt, um ihm ein intaktes Körperteil abzuschneiden?

Ich fand es anmaßend und barbarisch, so über ihn zu verfügen. Kastration kommt in der Natur nicht vor, es ist ein von Menschen gemachtes Instrument. Hatten wir das Recht, ihn einfach zu verstümmeln? Nur, weil wir nicht in der Lage waren, gegen seinen Trieb anzuerziehen? Wären wir durchsetzungsstärkere, klarere

Hundeführer, könnte Sam Rüde bleiben. Aber wir waren schwach, und der Hund sollte es nun ausbaden. Das war nicht fair.

»Es ist nicht in Ordnung, einen Rüden zu kastrieren, weil man zu faul ist, ihn ordentlich zu erziehen«, sagte Kerstin. »Aber Sams Trieb ist so stark, dass er sein Leben lang deswegen Stress haben wird. Wollt ihr das? Ein Hund, der immer will und nie darf? Und wenn er doch mal dürfte – dann wäre mit ihm danach gar nichts mehr anzufangen.«

Ich fand, ein Beratungstermin beim Tierarzt könnte zumindest nicht schaden; mein Mann, der das Ganze noch skeptischer sah als ich und das Thema am liebsten vermied, überließ mir das Gespräch. Die Tierärztin erklärte mir, dass sie Sams Untergewicht langsam bedenklich fände, und dass der Eingriff nicht schlimm sei, Kastrationen seien bei Rüden viel unkomplizierter als bei Hündinnen. »Ein paar Tage, und Sam ist wieder fit. Wir haben hier schon Hunderte Kastrationen gemacht, alle ohne größere Komplikationen.«

Sie verschrieb ein Medikament, das Sams Hormonlage drosseln sollte, wir konnten damit ausprobieren, wie uns das Leben damit gefalle.

Schon nach ein paar Tagen wurde Sam spürbar gelassener. Es war herrlich. Er schnüffelte weniger an östrogenbeträufeltem Blattwerk, er fraß sogar ganze Mahlzeiten. Er zeigte Interesse an der Dummy-Arbeit, es gab sogar Trainingsstunden, in denen wir gelobt wurden. Sam hatte etwas schön gemacht. Ich kannte dieses Gefühl nicht, es war berauschend.

Mehr und mehr schob ich die Bedenken zur Seite und sagte mir, dass eine Kastration vernünftig und ein Segen für unser gemeinsames Leben wäre. Aber mein Mann fand es zu früh, noch sei Sam ja gar nicht richtig erwachsen, vielleicht würde sich der Trieb legen, wenn er ein paar Jahre älter wäre? Ich hielt dagegen, dass ich nicht glaubte, dass Sam dieses Alter je erreichen würde, weil er wahrscheinlich vorher im Liebesrausch, eine läufige Hündin in der Nase, vor ein Auto rennen würde. Oder schlicht verhungern.

Bei Gesprächen mit anderen männlichen Rüdenbesitzern stellte sich heraus, dass die Bedenken meines Mannes typisch waren. Es sind anscheinend tatsächlich immer die Männer, die eine Kastration ablehnen. Womöglich findet unbewusst ein Transfer statt, und sie denken, dass eine Entmännlichung ihres Hundes irgendwie auf sie abfärbt. Es gibt Männer, für die ihre Hunde eine Art Potenzerweiterung darstellen, beliebt sind dabei Rassen wie Rottweiler oder Mastiffs, massive Burschen mit kerniger Ausstrahlung. Collies hingegen gehören nicht dazu. Sie sind eher feminine Hunde, ich glaube nicht, dass sich mein Mann durch den zarten, weißpfotigen Hund an seiner Seite einen zusätzlichen Männlichkeitskick holt.

Eher scheint es eine Art Männerbündnis zu geben, das Herrchen und Rüden verbindet. Männer antizipieren die Qualen der Kastration und die psychosoziale Verunsicherung eines hodenlosen Daseins und wollen ihren Hund vor dem bewahren, was ihr eigener schlimmster Albtraum wäre. Es ist eine Frage der Loyalität. Vielleicht – aber das ist eher feministische Theorie als irgendwie belegbar – ist dieses Bündnis auch ein solidarisches Aufbäumen in einer Welt, in der Frauen immer einflussreicher werden und Männer immer unsicherer. Indem Männer Hoden verteidigen, die gar nicht ihnen gehören, sorgen sie unbewusst dafür, dass ein wenig mehr Testosteron auf Erden verbleibt. Vielleicht wollte mein Mann aber auch einfach nicht, dass Sam Schmerzen leiden muss, ich weiß es nicht, er steigt bei solchen Themen nie allzu tief ins Gespräch ein.

Es war vernünftig, Sam kastrieren zu lassen, aber auch ich wollte rein gefühlsmäßig diesen jungen, intakten Körper schützen. Und da war noch etwas anderes, etwas völlig Unmedizinisches und Eitles: Ich machte mir Sorgen um Sams Fell. Denn eine Kastration kann nicht nur das Wesen eines Hundes verändern, sondern auch sein Haarkleid.

So, wie ich mein Leben lang davon geträumt hatte, einen Collie zu besitzen, hatte ich auch davon geträumt, einen besonders schönen Collie zu besitzen. Sam war, nicht zuletzt aufgrund seines glänzenden Deckhaares, besonders schön. Und obwohl ich wusste, dass ich ihn nicht wirklich im Griff hatte, und dass er, würde er je die Freuden des Deckaktes kennenlernen, für immer in die Welt der Liebe abtauchen würde, erwog ich, Sam eine Zuchtzulassung zu verschaffen, und ihn, wie es im Fachjargon heißt, ankören zu lassen.

Dafür musste ich ihn, so sieht es die Zuchtordnung vor, auf zwei Hundeausstellungen präsentieren, sogenannten Leistungsschauen. Wobei die Leistung darin besteht, einen möglichst sauberen und aufgerüschten Hund an einer kordeldünnen Showleine in einen Ring zu stellen und mit ihm ein paar Mal auf und ab zu gehen, damit Gangwerk und Körperbau begutachtet werden können. Die Collies sollen dabei »lieblich« schauen und die Ohren gerade so weit aufstellen, dass sie in perfekter Linie zum Schädel kippen. Der Begriff »lieblich« existiert wirklich im Beurteilungsvokabular der Richter.

Das Wesen des Hundes spielt, wenn ein Hund im Ring nicht gerade über einen anderen herfällt, dagegen keine besondere Rolle. Dabei wären Ausstellungen genau der Ort, an dem man dafür sorgen könnte, dass vor allem stabile, wesensfeste Hunde eine Deckzulassung bekommen, was gerade bei Collies, die häufig sehr unsicher sind, wünschenswert wäre. Ein unebener Boden, der Lärm in der Halle, ein Kabel im Ring, über das ein silbriges Klebeband geklebt ist – allein das bringt viele Collies schon aus der Fassung. Ich habe Collies erlebt, die so ängstlich waren, dass die Aussteller sie an der Showleine durch den Ring schleifen mussten, ich habe andere gesehen, die mit eingezogener Rute dastanden, einige pinkelten aus Angst in den Ring, andere zitterten überfordert auf ihrem Frisiertisch, während ihre Leute an ihnen herumbürsteten. Und dennoch haben diese Hunde vordere Plätze belegt, ich weiß nicht, wie es die Richter schaffen, daran vorbeizusehen.

Für die Zuchtzulassung musste ich bei den Bewertungen entweder ein »V« für »Vorzüglich«, das beste Urteil, das zu vergeben ist, bekommen, oder ein »SG«, »Sehr Gut«, das eigentlich das zweitbeste ist. Da aber jeder ein V will und seinen Hund auch für V-würdig hält, gilt das SG unter Ausstellern als Beleidigung.

Bei Ulla, Sams Züchterin, holte ich mir die Basisinformationen zur Vorbereitung: Ich sollte eine Woche vor der Ausstellung beginnen, Sams Fell jeden Tag mit einer Sprühflasche zu befeuchten und es dann gegen den Strich bürsten. Am Abend vor der Ausstellung sollte ich seine Pfoten und den Kragen shampoonieren, damit sie in reinlichem Weiß schimmerten. Ich sollte die Haare an den Pfoten zu einem ansehnlichen Rund schneiden, die Krallen kürzen und die Haare an den Hinterläufen in einem bestimmten vertikalen Winkel stufen. Außerdem die Haare an den Ohren knapp oberhalb des Kipprandes – bei Collies muss das obere Drittel des Ohres kippen – mit einer Effilierschere ausdünnen. Auf keinen Fall durften die Pfoten danach noch schmutzigen Boden berühren. Ich sollte sie in Gefrierbeutel einwickeln, sollte es regnen.

So präpariert, reiste ich an einem Sonntagmorgen in die Messehalle einer niedersächsischen Kleinstadt. Ich hatte den Hund dabei und einen Rucksack, in dem sich ein Kamm und eine Bürste befanden.

Ich glaube, niemand ist je so schlecht vorbereitet auf eine Ausstellung gefahren wie ich. Um mich herum wurden Collies auf mitgebrachten Tischen von mehreren Personen gleichzeitig auftoupiert und danach in mitgebrachte Boxen verstaut. Bürsten und Kämme für jede Fellstärke lagen bereit, weißes Pulver wurde in die Krägen einmassiert, immer dann, wenn kein Richter hinsah, denn solche Manipulationen am Erscheinungsbild sind verboten, ebenso wie das Haarspray, mit dem das hochtoupierte Fell an den

Pfoten fixiert wurde, und der Haarschaum für extra viel Volumen und Glanz, der einmal über den gesamten Hund verteilt und einmassiert wurde.

Die Züchter bürsteten, als zögen sie in einen Krieg. Die Stimmung war angespannt. Man tuschelte übereinander, so viel bekam selbst ich als Newcomerin mit, und es gab Grabenkriege zwischen Vertretern verschiedener Zuchtlinien. Normale Hundehalter gab es kaum, die meisten Aussteller waren Profis, viele Skandinavier, Polen und Niederländer waren dabei, die mit ihren Hunden durch Europa tourten, immer dorthin, wo ein Richter richtete, von dem sie wussten, dass ihm ihr Hundetyp gefiel. Züchter wollen möglichst viele Vs sammeln, für Anwartschaften auf den Champion-Titel.

Ich bürstete Sam auf dem Boden hockend, es war stickig und unfassbar eng, natürlich hatte die professionelle Szene nur belustigte Blicke für mich übrig. Unnötigerweise war Sam vor Betreten der Halle in eine Pfütze getreten, ich versuchte, den Schmutz mit einem Tempotaschentuch abzuwischen, aber ich verteilte ihn nur großflächig über die Pfote.

Sam hatte als amerikanischer Collie in der Richterszene keine große Lobby. Die meisten bevorzugen den viel verbreiteteren englischen Typ, der auch den Rassestandard definiert. Die Amerikaner sind gelittene Gäste. Sam stand im Ring, groß und mit mäßig viel Fell, neben ihm Jungrüden, die deutlich kleiner, aber drei Mal so aufgedonnert waren. Auf Sams Pfote schimmerte trotzig die Schmutzschliere, und leider fand er die Veranstaltung in einem Maße spaßbefreit, dass er sich weigerte, sich vom Richter, der seinen Kopf und Knochenbau abtasten wollte, anfassen zu lassen.

Die Resonanz war zwiespältig. Wir gingen mit einem »Sehr Gut« aus dem Ring, was aber in Wahrheit nur hieß, dass der Richter Sam eher »na ja« fand. Zugleich sprachen mich hinterher mehrere Collie-Besitzer an, die nach einem Deckrüden für ihre Hündin suchten und Sam bewunderten, was mich ein bisschen tröstete.

Eine Züchterin, mit der ich ins Gespräch kam, fragte ich nach ihren Erfahrungen mit Kastrationen. Sie erzählte, dass sie ihren Rüden wegen einer Krebsbehandlung habe kastrieren lassen müssen. Er hätte danach stark zugenommen, sein Fell sei stumpf geworden, er hätte sogar Locken bekommen. Locken! Sie müsse ihn jetzt trimmen, die Unterwolle fiele nicht mehr von allein aus, und ihm wüchse Kastratenfell, feine Wolle in Büscheln, an Stellen, an die keine Wolle gehört.

Sam würde eine aufgedunsene Collie-Kugel mit struppigen Locken! Eine Art Cindy aus Marzahn in Collie-Gestalt, geschlechtsneutral und im Dauer-Jogger, denn wofür sollte sich ein Hund ohne Hormone noch fein machen? Wahrscheinlich würde auch seine Stimme höher, kein tiefes, voluminöses Bellen mehr, sondern ein metrosexuelles Kieksen.

Schockiert begrub ich die Kastrationspläne fürs Erste. Mein Mann war erleichtert, er sagte: »Wir kriegen das ganz sicher auch so hin«, und deutete auf eine Meldung im lokalen Gratis-Anzeigenblatt. »Tag der offenen Tür« stand da, »Schnupperstunde *Agility*, Sonntag, 11.00 bis 16.00 Uhr. Im Schäferhundeverein«.

8.
BEI DEN SCHÄFERHUNDEN

Ein paar Mal schon hatte ich Hunde auf Hundeplätzen lustig über Hürden hüpfen und durch Tunnel laufen sehen. Immer hatte ich gedacht, dass ich das gern einmal mit Sam ausprobieren würde, aber da dafür ein gewisser Grundgehorsam Voraussetzung war, hatte ich mich nie in eine Probestunde getraut.

Inzwischen hatte ich das Gefühl, nichts mehr verlieren zu können, und außerdem war ein Tag der offenen Tür eine optimale Gelegenheit, unverbindlich Kontakt mit einem Hundeverein aufzunehmen, wobei ich keine Ahnung hatte, was solche Vereine eigentlich machten. Ginge die Sache schief, würde ich mich dort einfach nie wieder blicken lassen.

Trotzdem fand ich es befremdlich, ausgerechnet einen Schäferhundeverein aufzusuchen. Teckelclub, okay, Labrador-Freunde e.V., in Ordnung, aber Schäferhunde? In Wahrheit hatte ich riesigen Respekt vor Schäferhunden. Sam auch, wenn wir, was selten vorkam, mal einem im Wald begegneten, machte er einen großen Bogen. Der Gedanke an Schäferhundevereine beschwor vor meinen Augen das Bild älterer Männer, die in Lederweste und Cordhose im Schatten des Vordachs eines Vereinsheims am Sonntagmorgen ein paar Holsten mit einem Gläschen Köm zu sich nehmen; während ihre Hunde, die vorwiegend auf die Namen Rex und Hasso hören, derweil in düsteren Holzverschlägen vor sich hindösen, müde vom Ärmelbeißen oder davon, in strammer Unterordnung in Reih und Glied über den Platz marschiert zu sein.

Tatsächlich war der Platz eine weitläufige, gepflegte Rasenfläche, auf der ein Hürden-Parcours, zwei Tunnel und ein Steg aufgestellt waren. Und obwohl sich im eher rustikal gehaltenen, holzvertäfelten Vereinsheim, wo wir uns erst mal eine Cola holten, um die Verlegenheit zu überspielen, ein paar Dutzend hinter Glas aufgereihte Pokale für Schutzdienst- und Fährtenarbeit befanden (die allerdings alle aus vergangenen Zeiten stammten, in denen der Verein noch in diesen Sparten ausgebildet hatte), sahen wir vor allem Bordercollies, Jagdhunde und Mixe über den Platz toben. Eigentlich wirkte alles wie in einer normalen Hundeschule, nur irgendwie persönlicher. Die Leute schienen sich gut zu kennen, die Stimmung war entspannt. Ich sah tatsächlich ein paar ältere Herren mit Sonntagsbier, aber sie waren Zuschauer, das Training leiteten ziemlich tough wirkende Frauen.

Wir schauten vom Rand aus zu, hielten Sam, der sofort Richtung Getümmel zog, an der Leine kurz. Dann kam eine kleine, sportliche Frau auf uns zu und fragte, was uns interessieren würde. Ich sagte: »Agility«, und dass wir davon keine Ahnung hätten. Sie nahm uns mit zu einem der Tunnel, erklärte, dass ich Sam den Eingang zeigen und ihn dann hineinschicken solle; sie würde am anderen Ende stehen und, wenn er herauskäme, einen Ball zur Belohnung werfen.

Es klappte auf Anhieb, Sam rannte, jagte aufgeregt dem Ball hinterher, brachte ihn zurück, jagte sofort noch einmal durch den Schlauch. Die nette Frau erklärte uns, dass Sigrid, ihre Vereinskollegin, demnächst eine *Agility*-Anfängergruppe aufmachen würde, und sie sähe keinen Grund, warum wir nicht mitmachen sollten.

Drei Wochen später gingen wir das erste Mal zum Vereinshundesport.

Es war eine Offenbarung. Beim Dummy-Training dreht sich alles um Abruf- und Lenkbarkeit, um korrekte Kommandobefolgung auf Distanz. *Agility* dagegen ist ein Sport, eine vergleichsweise unorthodoxe Spielwiese, auf der der Hund zwar geleitet, aber doch im Modus ständiger Selbstbelohnung – denn was ist Rennen, Springen und Tempomachen sonst – über den Parcours fegen konnte.

Sam fand von Anfang an alles toll. Die Wendungen an den Hürden, den Lärm, den es machte, wenn er durch den Tunnel raste. Sogar das »Touch«, das kurze Verharren am Ende des Stegs oder der Wippe, das dem Hundeführer die Chance gibt, den Hund sicher weiterzulenken, zeigte er artig. Sigrid verband mit allen Übungen eine Lektion in Erziehung. Sie brachte mir bei, wie man den Hund mit einem einfachen »Mitte«-Kommando zwischen seine Beine rufen konnte, um ihn gerade vor dem ersten Gerät auszurichten, und wie ich meinen Hund dazu brachte, aufmerksam mit mir an den Start zu gehen.

Vor allem aber war es das Gefühl, ihn lenken zu können, gemeinsam mit ihm eine Aufgabe zu bewältigen, was mir gefiel. Sam brauchte mich, damit ich die Richtung vorgab, damit er seinen Weg über die Geräte fand; meine Körpersprache, meine Ansagen waren nun für ihn wichtig. Und was auf dem Hundeplatz klappte, würde irgendwann (hoffentlich) auch in der realen Welt klappen.

Von da an gingen Sam und ich ein, zwei Mal die Woche zum »Agi«. Wir bauten mit den anderen Teilnehmerinnen – alle nett und ähnlich unerfahren wie ich – den Parcours auf, rückten die weißen Plastikstühle an den Rand, trainierten und plauderten. Das, was Sigrid über Hunde erzählte, wie sie sie erzog, wie sie dafür sorgte, dass alle auf dem Platz gut miteinander auskamen, ergab eine unprätentiöse, greifbare Lehrstunde in Hundemanagement. Es war kein Kurs, keine zehn Stunden à 15-Euro-Hundeschultraining, sondern gelebter Alltag mit Hunden.

Zum Alltag gehörte, dass nach einigen glücklichen Wochen die Wirkung der Hormonunterdrückungstablette nachließ und Sam langsam wieder der Alte wurde. Ich spürte, wie wenig Lust ich darauf hatte. Wieder diskutierten mein Mann und ich das Thema

Kastration, und nach einigem Hin und Her stimmte er schließlich zögernd zu. Ich machte einen Termin beim Tierarzt. Zunächst war ich erleichtert, weil ich dachte, eine lange Geschichte käme endlich zu einem guten Abschluss. Aber dann wurden wir immer stiller, je näher der Termin rückte.

Gemeinsam fuhren wir in die Praxis, die Helferin lachte uns freundlich an und sagte: »Haben Sie sich doch durchgerungen.« Ich sah auf Sam, das gesunde, intakte, fröhliche Tier, sein seidiges Fell, seinen unversehrten Körper, und sofort sprang das ganze Gedankenkarussell wieder an: die Amputation, was ich ihm antat, wer er wäre ohne Männlichkeit, womöglich würde er bei anderen Hunden Mitleid erwecken. Vom Collie-Gott zum Neutrum. Welche Kränkung.

Die Tierärztin kam, fragte, ob wir sicher seien. Wir nickten nur, ich musste sofort weinen. Dann nahm sie ihn mit, fragte, ob wir bis zur Narkose dabei sein wollten, was wir selbstverständlich wollten. Als ich sah, wie Sam ihr wedelnd in den OP folgte, musste ich noch mehr weinen.

Die Ärztin zog die Spritze auf, erklärte uns, er werde nun gleich ganz entspannt wegdämmern, aber ich sah alles nur noch durch einen dicken Tränenfilm. Ich konnte nichts machen, ich sah immer nur den verwundeten, amputierten Hund vor mir, der jetzt noch vertrauensvoll und zuversichtlich in meinen Armen lag. Die Ärztin setzte die Spritze an, ein letzter Blick zu mir, und ich sagte: »Stopp. Es geht nicht.«

Sie ließ die Spritze sinken, sagte: »Sie sind noch nicht so weit, das ist in Ordnung.« Sie war nicht genervt und wollte nicht mal Geld. So schnell es ging, machten wir uns mit unserem geretteten Hund davon, unfassbar erleichtert. Wir gingen in seinen Lieblingswald, Sam tobte herum und durfte alles. Wir bestätigten uns wieder und wieder, dass wir richtig gehandelt hatten, dass man das Sam einfach nicht antun konnte, dass wir das schon hinbekommen würden, und wenn nicht, dann wäre das eben unser

Schicksal. Dann gingen wir einen großen Entschuldigungs-Blumenstrauß für die Tierärztin kaufen.

Es dauerte ein weiteres halbes Jahr. Sechs Tage vor seinem zweiten Geburtstag ließen wir Sam kastrieren. Wir konnten einfach nicht mehr. Wir wollten Frieden, keine sexuellen Exzesse mehr, kein Kräftemessen mit anderen Rüden, wir wollten einen Hund, der frisst, der zur Ruhe kommen, zu einer neuen Lebensqualität finden kann. Deckrüden-Ambitionen, die Sorge um das Fell – all das schoben wir als unsere eigenen Eitelkeiten beiseite. Ich glaube, das war es vor allem, was den Ausschlag gab: Ich verstand, dass es für Sam das Beste war. Dass wir ihm die Chance geben mussten, mit klarem Kopf seinen Platz im Leben zu finden.

Von da an ging alles ganz schnell. Wenn ich die folgenden Jahre in Sams und unserem Leben mit den zwei ersten vergleiche, dann begann nun endlich eine neue Zeit. Die Kastration machte aus Sam keinen anderen Hund. Er blieb, wer er war, nur hörte einfach der Trieb auf. Es war, als breche er durch eine Nebelwand, und während sich langsam der Dunst legte, kam ein Hund zum Vorschein, der endlich sein konnte, wie er war, weil ihn keine Hormone mehr in irgendeine Macker-Rolle zwangen.

Sein Sozialverhalten änderte sich merklich. Er blieb territorial, aber in Hundegruppen war er nun ein eher passiver Teilnehmer. Kam es zu Rangeleien, hielt er sich raus. Nervte ihn ein Hund, verwarnte er ihn mit einem Grummeln, nervte der Hund weiter, grummelte Sam lauter, aber er schnappte nie oder wurde körperlich.

Ich weiß, dass es richtig für ihn war. Aber aller Vernunft zum Trotz tat Sam mir dennoch auch ein bisschen leid, wenn ich sah, wie andere Hunde sich nicht mehr für ihn interessierten. Die potente Herrenwelt beschnüffelte ihn im Vorbeigehen und wandte sich dann wichtigeren Exemplaren zu. Sex, das große Lebensthema der Caniden, war aus Sams Leben verschwunden, und der Preis, den er dafür zahlte, war sein Fall in die Bedeutungslosigkeit. Ich musste daran denken, dass ältere Kolleginnen oft erzählten, dass man ab einem gewissen Alter als Frau auf der Straße nicht mehr beachtet wird. Als wäre man unsichtbar, nur, weil die Sexualhormone nicht mehr strömen. Das ist deprimierend. Es braucht einfach eine Resonanz, um das Selbstbewusstsein zu stärken. Hatten wir aus Sam einen Schatten gemacht?

Kerstin fand, das sei vermenschlichendes Denken. Sam habe nun einfach eine andere Stellung im Rudel, und anders als bei Menschen sei es für Hunde nicht schlimm, sich im hinteren Drittel der Hierarchie-Pyramide aufzuhalten. Entscheidend sei, dass sie wüssten, wo sie stünden. Dann würden sie diese Position ganz selbstverständlich und ohne Drama einnehmen.

So kam es. Sam litt nicht unter seinem Statusverfall, im Gegenteil, er machte einen zufriedenen Eindruck. Seiner Eitelkeit tat die Kastration keinen Abbruch, er nutzte jede Gelegenheit, sich in voller Pracht zu präsentieren. Bevor er in den *Agility*-Parcours ging, stolzierte er routinemäßig einmal um den Platz, um sich allen Umstehenden zu zeigen, die lachten und johlten, und erst dann konnte sich Sam der ersten Hürde widmen. An der Straße machte er sich immer noch bei jedem entgegenkommenden Hund groß, nicht aus Unsicherheit angesichts seiner fehlenden Männlichkeit, sondern aus Gewohnheit. Ich ließ es geschehen, ich sagte mir, ein bisschen Mackern gehört zum Rüden-Geschäft.

Aber manchmal, in einer wehmütigen Stunde, legten mein Mann und ich den Film ein, den Geli als Lehr-DVD zum Thema Hundesprache für ihre Hundeschule gedreht hatte und in dem Sam die Rolle des »aufdringlichen Rüden« spielte, eine Szene, die wegen der Passgenauigkeit der Rolle nach vier Minuten im Kasten gewesen war. Sam läuft darin als gut einjähriger Rüde mit Glitzerblick und wehendem Fell über eine Wiese auf eine Hündin zu, die ihn widerholt abweist. Er bleibt hartnäckig, bis sich ein älterer Rüde nähert und ausdrückt, die Hündin für sich zu beanspruchen. Sam versteht, unterwirft sich sofort, ein Häufchen weggeducktes Fell im grünen Gras. Aber er weicht keinen Meter. Schließlich markiert der ältere Rüde auf seinen Kopf, was, wenn Geli den Film in ihrem Unterricht vorführt, jedes Mal für große Heiterkeit sorgt.

Im Sport machten wir nun Fortschritte. Sam flog über die Hürden, ließ den Tunnel vibrieren, knallte über die Wippe, und es war herrlich, mit ihm zusammen immer längere Sequenzen zu laufen. Bis auf den Slalom, der ihm zu ungemütlich war, weil er seinen langen Leib nicht durch eng gestellte Stangen zwingen wollte, beherrschte er bald jedes Gerät. Dafür kam ich nicht hinterher. Körperlich schon – Sam ist kein schneller Hund –, aber ich konnte mir längere Parcours einfach nicht merken. Nach mehr als fünf oder sechs Stationen hatte ich jedes Mal vergessen, wie es weiterging.

Für die gemeinsame Arbeit ist das fatal: Der Hund rennt und springt und verlässt sich blind darauf, dass Frauchen ihm zeigt, wie es weitergeht – als Mensch muss man sehr klar sein im *Agility*. Ich aber sah mich schon nach Station vier suchend nach Station fünf um, und jedes Mal bremste ich Sam damit in voller Fahrt aus. Manchmal merkte er mitten im Sprung, dass ich nicht weiterwusste, stoppte irritiert und knallte zu Boden oder auf die Hürdenstange. So sehr mir das leid tat, so beeindruckt war ich auch: In diesem Sport reagierten wir wirklich präzise aufeinander.

Eines der wichtigsten Themen der Leute in meinem Verein waren Turniere; anders als in Hundeschulen, in denen es eher darum geht, den Hund alltagstauglich zu machen, herrscht in Vereinen Wettkampfgeist. Man trainiert nach Wettkampf-Regeln, und der Gedanke, sich mit anderen zu messen, schwingt immer mit. In den *Agility*-Gruppen meines Vereins gab es Leute, die schon bei großen Turnieren gestartet waren. Wenn sie erzählten, standen alle ehrfürchtig dabei.

Anfangs kam das alles für mich natürlich nicht infrage. Ich war froh, dass ich langsam zu Sam durchdringen konnte. Aber irgendwann schlich sich dieser Gedanke, ein Ziel zu haben und darauf hin zu trainieren, in mein Hirn.

Ich bin eigentlich überhaupt kein Wettkampf-Typ und hatte bis zu diesem Zeitpunkt auch nie damit zu tun. In der Schule war ich im Sport viel zu schlecht, um mich mit irgendwem zu messen, bei den Bundesjugendspielen bekam ich allenfalls eine »Teilgenommen«-Urkunde, und auch ansonsten vermied ich Leistungsvergleiche aller Art.

Aber dies war etwas anderes. Ich hatte zwei Jahre in jeder Hinsicht und vor aller Augen den Loser-Hundeführer gegeben, und nun wendeten sich die Dinge zum Besseren. Und ich hatte große Lust, es der Welt zu zeigen.

9.
SAM MACHT DIE BEGLEITHUNDEPRÜFUNG

Allerdings braucht man, um bei einem *Agility*-Turnier zu starten, eine Begleithundeprüfung, die sogenannte »BH«. Sie soll den »Grundgehorsam« eines Hundes unter Beweis stellen, etwas, das ich in der Lassie-faire-Phase meiner Hundepädagogik kategorisch abgelehnt hatte. Bei der BH muss der Hund, neben allerlei anderen Unterordnungsübungen, minutenlang erst angeleint, dann ohne Leine im »Fuß« neben dem Hundeführer hergehen, und zwar so, dass die Schulter stets auf Höhe des linken Beines des Hundeführers ist.

Anfangs fand ich das Ganze suspekt. Ich war in einem Schäferhundeverein, und es war noch nicht lange her, dass Hunde dort mit Leinenruck ausgebildet worden waren. Inzwischen wurde all das nicht mehr gemacht, es gab in meiner Ortsgruppe nicht mal mehr Schäferhunde, und die Art, wie Sigrid Unterordnung unterrichtete, hatte nichts mehr mit den alten Methoden zu tun.

Sigrid arbeitete mit positiver Bestätigung und Klicker, einem Plastikoval, das eine Art Knackfrosch-Geräusch von sich gibt, wenn man auf den Knopf drückt. Der Klick sagt dem Hund, dass er gerade etwas richtig gemacht hat – die erwünschte Position eingenommen oder eine Bewegung korrekt ausgeführt hat. Zur Belohnung gibt es ein Stück Futter.

Sigrid hatte bereits mit zwei Hunden die Prüfung absolviert und dabei jedes Mal die Höchstpunktzahl erreicht. Ihr Ausbildungsniveau und ihr Ehrgeiz waren einschüchternd. Sie erklärte sich bereit, Sam und mich auf die Prüfung vorzubereiten, aber wir müssten hart arbeiten, jeden Tag, auf jedem Spaziergang, damit Sam lernte, wirklich gerade und begeistert neben mir im »Fuß« zu laufen. Sigrid war eine herzliche, aber auch strenge Trainerin, ihre Erwartungen an ihre Schüler waren hoch; sie wollte uns nicht nur irgendwie durch die Prüfung bringen, sondern die hohe Kunst der Fußarbeit vermitteln, bei der der Hund die ganze Zeit anhimmelnd zu seinem Besitzer hochblickt.

Es gab Leute im Verein, die ohne Klicker arbeiteten, nach dem »Guck-und-Spuck«-Prinzip: Sie schoben sich Fleischwurststücke in die Backentasche, bevor sie mit ihrem Hund auf den Platz gingen, und spuckten die sämigen Wurstwürfel in dem Moment in Richtung Hundeschnauze, in dem der Hund perfekt zu ihnen hochsah. Ich fand die Methode ziemlich eklig, außerdem bin ich Vegetarierin. Das Klickern dagegen gefiel Sam sehr – Klick und Futter, das war ein Mechanismus nach seinem Geschmack.

Mit dem alten Sam wäre ein Training völlig unmöglich gewesen. Mit nichts hätte ich ihn dazu bewegen können, aufmerksam neben mir herzulaufen, schon gar nicht mit Futter. Aber nun war eine ganz neue Dimension der Belohnungsmöglichkeiten in unser Leben getreten, die einen wunderbaren Arbeitsanreiz darstellte: Sam hatte plötzlich Hunger.

Es war nicht nur Hunger; eher war es so, als wollte Sam alles, was er in seinen ersten zwei Lebensjahren verschmäht hatte, nun kalorienmäßig aufholen. Er fraß gierig seinen Napf leer, er holte hungrig seinen Futterbeutel. Leider klaute er auch aus allen herumstehenden Beuteln und Tüten alles Essbare. Und er begann, die Taschen anderer Hundebesitzer auf Appetithappen zu untersuchen, Anoraks, Hosentaschen. Die Intimität, die dabei entstand, war ihm egal, und weil er dabei plüschig guckte, mit einem Bettelblick, den ich vorher noch nie gesehen hatte, fanden die Leute das entzückend und rückten bereitwillig ihre Hundekekse heraus. Es war, als ob Sam nahtlos von der Sexsucht in die Fresssucht gewechselt sei. Ich weiß nicht, ob es dazu Forschungen gibt, aber ich schließe nicht aus, dass es auch in Hundehirnen einen Suchtschalter gibt.

Immerhin konnte ich ihn nun motivieren. Ich klickte, wenn er ordentlich an meiner Seite lief. Ich musste nicht mal Käse oder Fleischwurst einsetzen, Sam arbeitete auch für Trockenfutter. Bald konnten wir ein paar Meter in eleganter Fußfolge laufen, und ich war von meinem gelehrigen Hund begeistert. Wir übten jeden Tag an der Straße, Sam machte erfreut mit, sobald er das Kommando hörte, die Passanten schauten anerkennend, ich hörte Sätze wie »Oh, Sie gehen wohl in die Hundeschule«, und ich hatte für den Rest des Tages gute Laune.

Freunde bestätigten mir, dass ich viel ausgeglichener wirke; eine Freundin, die selbst einen Hund hat, mit dem sie nie auch nur den Hauch eines Erziehungsproblems hatte, sagte, sie höre zum ersten Mal, dass ich auf die Frage, wie es mit Sam gehe, uneingeschränkt positiv antworten würde.

Die Kehrseite war, dass meine Woche jetzt drei feste Termine hatte: Dummy-Training, *Agility*, BH-Vorbereitung. Natürlich ging das, da ich Vollzeit arbeitete, auf Kosten meiner sonstigen Aktivitäten, Freundschaften, Sport, Kultur, Familienleben, überall machte ich Abstriche. Mein Mann und ich begannen, Zeitpläne zu entwickeln, um anfallende Termine um den Hundesport herumzubauen. Zwar erinnerte er mich gelegentlich daran, dass wir doch mehr für uns machen wollten. Aber weil auch er bei jedem Spaziergang die Vorzüge des neuen, gelehrigen Sam genoss, ließ er mich machen.

Außerdem hatte er inzwischen ein eigenes Hunde-Projekt: Er hatte mit Sam beim Arbeiter-Samariter-Bund die Ausbildung zum Besuchshund in Altenheimen und Kindergärten gemacht. Eine ASB-Mitarbeiterin hatte uns bei einer Veranstaltung angesprochen, weil ihr aufgefallen war, wie offen und positiv Sam auf Menschen zuging, und uns eingeladen, den Besuchshund-Eignungstest mit

Sam zu machen. Dabei wird der Hund auf Stressresistenz hin getestet, er muss lernen, ungewohnte Situationen zu meistern (umfallende Krücken, Kinder, die ihn von allen Seiten anfassen, alte, verwirrte Menschen, die plötzlich schreien), und der Hundeführer lernt zu erkennen, wann es dem Hund zu viel wird.

Sam bestand die Prüfung und ist seither ein offiziell vom ASB ausgebildeter Besuchshund. Mein Mann geht mit ihm regelmäßig in ein nahe gelegenes Altenheim und besucht dort die Patienten. Viele, die bereits dement sind, erinnern sich, wenn sie über Sams Fell streichen, an ihre eigenen Hunde und beginnen, von früher zu erzählen. Manche, die ansonsten lethargisch dasitzen und den Tag verwarten, blühen regelrecht auf, wenn Sam in ihren Aufenthaltsraum kommt, fast alle haben Freude daran, ihn zu streicheln. Eine alte Dame bewahrte über Jahre an jedem Montag, an dem Sam zu Besuch kam, eine Banane vom Mittagessen auf, die er dann bei ihr im Zimmer fressen durfte. Dann erzählte sie vom Hof ihrer Eltern und ihrem Bruder, der nicht aus dem Krieg zurückgekommen war. Es war auch für meinen Mann ein Schock, als er eines Tages ihre Tür öffnete und ihr Zimmer leer war.

Nach einem dreiviertel Jahr fast täglicher Arbeit fragte Sigrid uns, ob wir uns zur Begleithundeprüfung in einem befreundeten Schäferhundeverein anmelden wollten, sie hielte uns für so weit.

Vom Moment dieser Frage an kreiste mein ganzes Denken nur noch um den Termin, es gab ein Leben vor und nach der BH. Vor der BH war alles in eine diffuse Aufregung getaucht, und nichts, nicht mal die massive Umstrukturierung des Redaktionsteams, in dem ich arbeitete, beschäftigten mich innerlich so wie die anstehende Prüfung. Das Danach, das war für mich die Aussicht auf eine neue Ära, in der ich, sofern wir bestanden, schwarz auf weiß vorweisen konnte, dass Sam ein guter, auf mich hörender, kooperativer Hund war. Immer noch hatte ich die schreckliche Szene im Kopf, in der Kerstin auf meinen herumspackenden Hund gezeigt und mir ins Gesicht gesagt hatte, dass das der Hund sei, den ich mir geschaffen hätte. Die BH würde diese Szene hoffentlich endlich überschreiben.

Sigrid erklärte mir, wie das Ganze ablaufen würde: Es seien immer zwei Hund-Mensch-Teams auf dem Platz, eines, das die Fußfolge liefe – gerade Strecken, Winkel und Wendungen in genau festgelegter Abfolge –, und eines in der »Dauerablage«, bei der der Hund zehn Minuten auf einem Fleck liegen muss, während der Hundehalter in einiger Entfernung mit dem Rücken zu ihm steht.

In den zwei Nächten vor der Prüfung schlief ich nicht. Ich ging in Gedanken das Fuß-Laufschema durch und malte mir aus, was alles schiefgehen konnte. Am meisten Sorgen machte mir die Futterfrage, denn Belohnungen sind in einer Prüfung streng verboten, schon Krümel in der Tasche können zur Disqualifizierung führen. Solange ich Sam schön regelmäßig seine Belohnungshappen gab, lief alles wie am Schnürchen. Blieb die Belohnung jedoch aus, schlug der Dickkopf durch: Sam forderte sein Futter ein, und wenn leichtes Gegrummel nicht half, hörte er eben auf, ordentlich mitzumachen, oder zupfte mir am Ärmel. Ich hatte versucht, die Futterfrequenz zu senken, nur noch gelegentlich zu füttern, um ihn in positiver Erwartung zu halten, aber so viel Unmut geerntet, dass ich, um mir selbst Frust zu ersparen, wieder in den alten Modus verfallen war.

Es gibt Hunde, die schließen in einer Prüfung aus dem Umstand, dass kein Futter kommt, dass sie womöglich nicht alles richtig gemacht haben, und strengen sich noch mehr an. Bei Bordercollies, die den »will to please« haben, den Willen also, zu gefallen und alles perfekt für ihr Frauchen zu erledigen, ist dieses Phänomen verbreitet. Sam hatte eher den »will to prevail«, den Willen, sich durchzusetzen.

Als wir am Tag der Prüfung auf dem Platz ankamen – ich mit der Art Herzklopfen, die den ganzen Körper mit Angsthormonen flutet und dazu führt, dass man zwar äußerlich funktioniert, innerlich aber gar nichts mehr spürt –, hatten sich bereits rund fünfzig Zuschauer eingefunden, der ganze Verein war auf den Beinen. Sigrid hatte uns gewarnt, dass solche Veranstaltungen Menschen anziehen, die selbst irgendwann mal einen Hund ausgebildet haben und vom Rand aus alles kommentieren, was sie sehen, erfahrungsgemäß mit der Haltung, es besser zu wissen.

Ich war, wie gesagt, in einem Maße aufgeregt, das noch die Nervosität bei meiner mündlichen Examensprüfung übertraf. Damals musste ich Fragen zu drei Epochen der deutschen Literaturgeschichte seit der Klassik beantworten, auf die ich mich in einem jahrelangen Studium vorbereitet hatte; aber eine Fußfolge unter den strengen Augen eines Schäferhunde-Richters zu laufen, schien mir in diesem Moment die deutlich größere Herausforderung.

Zugleich funktionierte mein Hirn zum Glück noch gut genug, um die Absurdität der Situation zu erkennen, die sich vor allem aus dem militärischen Grundgestus der Veranstaltung speiste. Ich musste ein bisschen grinsen, als ich mich, wie ich es gelernt hatte, mit soldatesker Kernigkeit beim Prüfer mit den Worten: »Meike Dinklage meldet sich mit Collie-Rüde Sam zur Begleithundeprüfung!« meldete, als gehe es darum, im 4. Panzergeschwader in Richtung Irak zu ziehen. Der Prüfer, ein älterer Herr mit vielen Dienstjahren als Polizeihundeführer, teilte mein Humorempfinden nicht. Er sah mich streng an und wünschte mir mit skeptischem Blick viel Erfolg.

Sam begann nach etwa einer Minute Fußarbeit leise zu grummeln. Nach zwei Minuten begann er, gegen meine Hand zu stupsen, um mich daran zu erinnern, dass ich etwas aus der Tasche holen sollte. Dann biss er dezent in meine Jacke. In den Wendungen – man muss saubere 90-Grad-Winkel gehen –, fiel er leicht zurück, ich musste ihn leise verbal locken, was natürlich Punktabzug gibt. Als alles nichts half, fiel ihm ein, dass er sich dem Publikum noch gar nicht richtig gezeigt hatte. Als ich aus dem Augenwinkel sah, wie sein Blick in Richtung Zuschauer ging und er zur Ehrenrunde vor den Stuhlreihen am Vereinsheim ansetzte, zischte ich ihn so unauffällig wie möglich an. Dabei marschierte ich selbst wie ein Maschinenwesen über den Platz, die Arme an den Körper gepresst, jede Natürlichkeit war aus meinen Bewegungen verschwunden. Zeitweilig vergaß ich sogar zu atmen, erst das Stechen in meiner Brust erinnerte mich daran.

Es ging alles gut. Sam lief unzufrieden, aber ausdauernd zehn Minuten neben mir her, in der Ablage blieb er liegen. Unsere Vorstellung reichte aus, um die Prüfung zu bestehen, der Prüfer zählte all meine heimlichen Hilfestellungen auf, die er natürlich gesehen hatte, und gab mir mit auf den Weg, beim nächsten Mal einfach mehr zu atmen. Ich hätte ihn fast umarmt, aber dazu kam ich nicht, weil ich in derselben Sekunde losheulte. Nicht wegen der Kritik, sondern vor lauter Glück. Ich hatte eine Prüfung in einem Schäferhundeverein bestanden. Wir waren jetzt ein Team mit Urkunde, Sam und ich.

Der Erfolg fixte mich an. Sigrid hatte mir schon öfter von einer Sportart namens »Obedience« erzählt, so etwas wie die hohe Schule der Unterordnung. Sie machte bereits den Trainerschein dafür. Ich war interessiert, aber ich wusste auch, dass wir Lichtjahre von irgendeiner hohen Schule entfernt waren. Trotzdem wollte ich es unbedingt ausprobieren.

Für das *Agility* hatte ich mir, trotz BH, meine Turnierpläne inzwischen abgeschminkt, denn Sams Bellfreudigkeit auf dem Platz ging mir zunehmend auf die Nerven. Er kläffte, wenn er warten musste, weil ein anderer Hund an der Reihe war, und da neunzig Prozent eines *Agility*-Trainings aus Warten besteht, kläffte er eigentlich immer. Die meisten Hunde bellen im Parcours, aus Triebigkeit. Sam dagegen flog still und glücklich über Hürden, bellte aber, sobald er keine Beachtung mehr bekam. Setzte ich mich neben ihn, war alles gut, ging ich drei Meter weg, bellte er wieder. Setzte ich ihn ins Auto, bellte er, wenn er die anderen Hunde im Parcours hörte. Sigrid schaffte es als Einzige, ihn zur Räson zu bringen, sie brüllte ihn dann mit einem »Das hier ist mein Platz, du hast hier nichts zu melden« an. Brüllte ich ihn an, tat er, was er sein Leben lang getan hatte: Er lachte.

Mir war das peinlich. Ich befürchtete, dass Sam allen auf die Nerven ging und hörte schweren Herzens mit dem *Agility* auf. Stattdessen schaute ich mir nun *Obedience*-Videos an und kaufte mir die Standardliteratur zusammen: »Glückliche Hunde … glückliche Gewinner« der *Obedience*-Koryphäe Angela White und Trainingsanleitungen wie »Obedience: Gehorsam in Perfektion« und »Obedience: Schritt für Schritt zur Turnierreife«. Sigrid spürte, dass es mir ernst war, und fragte mich, ob ich Lust hätte, bei einer *Obedience*-Prüfung zuzusehen. Sie war inzwischen Ringsteward, eine Art Betreuer, der die Wettkämpfer durch die Prüfung begleitet, sie an die Ausgangspunkte der jeweiligen Übung bringt und ihnen die Startkommandos gibt. Das ist nötig, denn *Obedience* ist ein komplexer Sport, eine Prüfung kann bis zu zwanzig Minuten dauern.

Es gibt beim *Obedience* neben einer ausgefeilten Fußarbeit mit Rückwärtsschritten und Drehungen ein knappes Dutzend weiterer Aufgaben: Der Hund muss zum Beispiel ein Bringholz über eine Hürde apportieren oder in ein vier mal vier Meter großes, mit Pylonen und Bändern markiertes Quadrat laufen und dort in der Mitte Platz machen. Er muss aus vollem Lauf wie angewurzelt stehen bleiben, er muss Metall ins Maul nehmen und apportieren, aus sechs Geruchshölzchen das heraussuchen, das sein Mensch kurz angefasst hat, auf einer Stelle nacheinander Steh, Sitz und Platz zeigen, ohne die Hinterbeine auch nur einen Zentimeter nach vorn zu bewegen. Alles entscheidend ist dabei neben dem Tempo, in dem der Hund arbeitet, seine Präzision. Zuckt er an der falschen Stelle einmal mit einem Pfötchen, geht er bei der Fußarbeit ein paar Zentimeter zu weit hinten oder braucht er ein zweites Kommando, weil er das erste nicht gleich umsetzt, gibt es Punktabzug.

Obwohl gutes *Obedience* ein bisschen wie Dressur wirkt, hat es damit nichts zu tun. Entscheidend sind die Freude und Leichtigkeit, mit der der Hund arbeitet; auf den Turnieren erkennen die Richter genau, ob eine Leistung erzwungen ist. Ich habe es später oft erlebt, dass Teams, in denen der Hund unter Stress arbeitete, abgeurteilt wurden.

Die Prüfung, zu der Sigrid mich mitnahm, fand in einem Hundeverein auf der anderen Seite der Stadt statt, der als Talentschmiede für hochklassiges *Obedience* bekannt war. Sigrid war dort Mitglied. Ehrfürchtig parkte ich mein Auto weit abseits, damit niemand auf die Idee kommen konnte, ich würde mir eine Teilnahme anmaßen. Auf dem Weg zum Prüfungsgelände kamen mir Teilnehmer entgegen, die alle den Eindruck machten, als seien sie hoch konzentriert und wüssten sehr genau, was sie taten, ihre Hunde, die im exakten Fuß gingen, neben ihnen.

Zufällig liefen, als wir auf den Platz kamen, gerade die Prüfungen in der Klasse 3, der höchsten Leistungsstufe. Ich sah einer Frau mittleren Alters, die einen Bordercollie führte, zu. Es herrschte wortloses Einvernehmen zwischen ihnen, die Frau deutete ihre Kommandos nur mit knappen Sicht- oder Hörzeichen an, und der Hund führte sie mit höchster Genauigkeit aus. Es sah federleicht aus und zum Niederknien schön. Noch nie hatte ich so einen Gleichklang zwischen Hund und Mensch erlebt. Ich war wie beseelt. Der Bordercollie arbeitete mit einer unglaublichen Lust und wartete nach jeder Übung mit offenem Blick ab, welche Aufgabe ihm als nächste gestellt würde. Ich stellte mir vor, was für ein Gefühl es sein müsste, mit seinem Hund so sehr eins zu sein.

Ich wusste, dass Sam niemals diese durchgängige Arbeitsfreude zeigen würde, immer wieder hörte ich, dass ein guter *Obedience*-Hund schon als Welpe aufgebaut werden müsste, und wir waren Späterweckte. Außerdem standen auf dem Siegertreppchen fast immer nur Bodercollies, weil sie am zügigsten und schönsten arbeiteten und der Sport ihrem Wesen entsprach. Langhaarcollies kommen in dieser Welt eigentlich nicht vor.

Dennoch stiegen wir ein. Wir wollten keine Champions werden, nur einfach Spaß und eine gemeinsame Aufgabe haben. Sam lernte nicht sehr schnell, aber wenn er etwas verstanden hatte, führte er es zuverlässig aus. An manchen Übungen feilten wir monatelang, bis sie saßen, etwa daran, dass Sam beim Wechsel von der Platz- in die Stehposition (bei der sogenannten Distanzkontrolle, bei der der Hundehalter bis zu 18 Meter entfernt steht und die Kommandos ruft) nicht einen Schritt nach vorn auf mich zu machte. Seine Fußarbeit dagegen war stets bildschön, er ging aufmerksam und wedelnd neben mir her, der ganze Collie aufrechter Stolz.

Sigrid lobte unseren Ehrgeiz und unsere Fortschritte, aber sie meckerte auch, wenn ich Sam kleine Unsauberkeiten durchgehen ließ. Am schlimmsten waren die Trainingsstunden gemeinsam mit ihren Freunden aus dem Elite-Verein: Sigrid litt, wenn einer der Hunde, die sie ausbildete, vor den Augen ihrer Vereinskollegen Fehler machte, was bei Sam durchaus vorkam. Ich erinnere mich an eine Stunde, in der sie mich für eine misslungene Gruppen-Ablageübung, in der Sam immer wieder aufgestanden war (was er immer tat, weil er es nicht ertrug, sich liegend nicht in Gänze präsentieren zu können), derart abkanzelte, dass ich auf der ganzen Rückfahrt heulte.

An solchen Tagen fragte ich mich, warum ich mir das eigentlich antat – die Detailarbeit, das viele Training, das Gemeckere der Trainerin. Aber zugleich machte es mir einen irren Spaß, auch weil ich sah, wie viel Spaß es Sam machte. Er konnte sein Glück kaum fassen, wenn ich auf dem Parkplatz des Vereins die Heckklappe öffnete und er sah und roch, wo wir waren. Er begrüßte Sigrid stets wie seine beste Freundin, und sie konnte mindestens so beherzt und motivierend loben wie sie kritisieren konnte.

Nach einem weiteren Jahr Training meldeten wir uns zu unserer ersten *Obedience*-Prüfung an, ich war davor noch aufgeregter als vor unserer BH, und so blieb es bei jedem folgenden Wettkampf. Es setzte einfach kein Gewöhnungseffekt ein. Homöopathie, Meditation, Mentalcoaching – nichts half so richtig. Sam war von meiner Nervosität glücklicherweise nicht beeindruckt; er verstand, dass Richter und Publikum während seiner Vorführung nur Augen für ihn hatten, und das schmeichelte ihm.

Wir bestanden die Beginner-Prüfung, und als Sam fünf Jahre alt war, hatten wir die Klasse 1 und 2 geschafft. Noch später bestand er auch die Klasse 3, was mein großes Ziel gewesen war. Es war keine reibungslose *Obedience*-Karriere, dazu war Sam zu launisch. Zwei Mal bekamen wir bei einem Wettbewerb eine Gelbe Karte, weil er den Platz verließ – einmal, weil er Herrchen unter den Zuschauern außerhalb des Rings entdeckt hatte und Hallo sagen wollte, und einmal, weil jemand in der Nähe einen Grill angeschmissen hatte. Aber es gab auch Wettkämpfe, die wir furios gewannen. Wenn dann alle gratulierten und der Richter uns bei der Siegerehrung mit anerkennendem »Und-das-mit-einem-Collie«-Blick die Hand schüttelte, merkte ich, wie sehr ich das Gefühl genoss. Ich glaube, das ist für viele Hundesportler der wesentliche Motor: Es gibt nicht viele Schauplätze im Leben, auf denen man mit vergleichsweise einfachen Mitteln so viel Anerkennung bekommt.

Unsere *Obedience*-Gruppe war inzwischen eine Art Freundeskreis, alles Frauen unterschiedlichen Alters, im Sommer saßen wir abends zusammen auf den Bänken vorm Vereinsheim, aßen Kuchen und tranken Sekt, wenn jemand bei einem Turnier gut abgeschnitten hatte, und redeten über Hunde, Job, Männer und das Leben an sich.

Wir waren jetzt Hundesportler, Sam und ich, das ließ alles, was drum herum passierte, in einem neuen Licht erscheinen und taugte exzellent als Entschuldigung für seine Alltagsflausen. Jagte Sam Eichhörnchen in die Baumkronen, sagte ich mir, er brauche den

Trieb für den Sport. Meist aber ließ er sich inzwischen lässig abrufen und ging bei Spaziergängen einfach an meiner Seite.

Sam war nun fünf, wir führten ein glückliches Leben. Mein Mann teilte zwar meine Begeisterung für den Hundesport nicht – er hatte mich einmal auf ein Turnier begleitet und sich so gelangweilt, dass er sich im Auto schlafen gelegt hatte –, aber auch er fand das Leben mit Hund jetzt einfach und entspannt. Alle drei waren wir perfekt aufeinander eingespielt. Es klingt wie ein »happy ever after«, und das war es auch. Es war etwas Besonderes zwischen uns entstanden, wir hatten uns lange zusammenraufen müssen, aber nun waren wir sehr, sehr gute Freunde. Sam und ich hatten eine innige Beziehung, ein festes Zusammengehörigkeitsgefühl. Ich glaube, es hat mit Energie zu tun. Ich hatte das Gefühl, dass wir schwingungsmäßig irgendwie ähnlich getaktet waren. Ich dachte, mein Mann würde das für Eso-Quatsch halten, aber als ich es ihm einmal erzählte, antwortete er, er wüsste, was ich meine.

Manchmal kam mir der Gedanke, dass es Zeit sein könnte für einen zweiten Hund.

10.
NOCH EIN HUND?

Ich weiß nicht mehr genau, wann sich der Gedanke an einen zweiten Hund zu einem Wunsch verfestigte und dann zu einem dringenden Bedürfnis. Unser Leben mit Sam war bereichernd und zugleich unkompliziert. Es ging alles mühelos, Sam war vital, niemals krank, er machte alles mit. Perfekte Voraussetzungen, um einen neuen Hund in unser Dreiergespann zu integrieren.

Ich glaube, ich wollte einfach mein Hundeglück verdoppeln.

Mein Mann war skeptisch. Eigentlich wollte er keinen weiteren Hund, es leuchtete ihm nicht ein, warum wir etwas, das rund lief, gefährden sollten, gerade weil wir wussten, wie weit der Weg gewesen war. Er argumentierte, dass wir wieder eine lange Welpenzeit vor uns hätten, die uns ans Haus binden würde. Außerdem die viele Arbeit: Wir müssten zwei langhaarige Hunde bürsten, bei Matschwetter sauber machen, bei Wärme nach Zecken absuchen. Und natürlich kosteten zwei Hunde das Doppelte, Futter, Steuer, Versicherungen, Tierarzt, Hundeschule, Übernachtungsgebühren im Hotel. Außerdem wäre das Auto zu klein für zwei. Und, das war nicht von der Hand zu weisen, ich war beruflich viel unterwegs, manchmal ein, zwei Wochen im Ausland, in denen er alles allein machen musste.

Ich dagegen sah keine doppelte Menge nasser Handtücher vor mir und auch keinen Wecker, der um halb vier Uhr früh klingelte, um den Welpen zum Gassi in den Garten zu tragen. In meinem Kopf sah ich einfach nur zwei wunderschöne Collies miteinander über unseren Rasen tollen. Sam, der sich nie damit schwertat, wenn andere Hunde zu uns kamen, würde sich sicher über Familienzuwachs freuen. Ich erinnerte mich an den Besuch einer Freundin, deren Hündin ohne Umschweife als Willkommensgruß in Sams Schlauchboot markiert hatte. Sam hatte dabei gestanden, zugesehen und nichts unternommen. Nein, da war ich sicher: Sam würde keine Probleme mit einem weiteren Hund im Haus haben.

Realitätsausblendung ist eine zwingende Voraussetzung, um ernsthaft die Anschaffung eines weiteren Hundes in Erwägung zu ziehen. Jedes Argument meines Mannes hatte Hand und Fuß. Jedes meiner Argumente war getragen von blanker Emotionalität.

Ich setzte auf die Häppchen-Methode: Einfach immer wieder ganz nebenbei das Thema ansprechen, bis es fest in seinem Kopf verankert war. Dann, in besonders stimmungsvollen Momenten, ausmalen, welche Freude und Bereicherung mit einem zweiten Hund einhergingen, um in seinem Hirn eine neurale Verschaltung herzustellen, die mit der Vorstellung eines weiteren Hundes schöne Gefühle verknüpft. Alles sacken lassen. Und dann, im richtigen Moment, Welpenbilder zeigen.

Es gab eine Handvoll Züchter amerikanischer Collies – natürlich kam erneut nur ein Collie infrage – deren Wurfgeschehen ich seit Längerem beobachtete. Ich zeigte meinem Mann tapsige kleine Hundewesen in allen gängigen Farben, süße struwwelige Zwerge mit Unschuldsblick, von ihren Züchtern in den rührendsten Momenten fotografiert, und machte ihn dabei besonders auf die Farbe Blue-merle aufmerksam, eine schwarz-blau-silbergraue Melange, denn insgeheim hatte ich längst beschlossen, dass ich einen merlefarbenen Hund wollte. Mein Mann betonte stets, dass das Lassie-Rot für ihn die schönste Farbe sei, aber dann mahnte ich ihn, dass man – ich sagte »man«, um noch nicht das verräterische Wort »wir« zu gebrauchen –, dass »man« sicher immer den ersten Hund im zweiten suchen würde, wenn »man« sich einen zweiten gleicher Farbe anschaffte.

Ich glaube, mein Mann hat meine Strategie zu jeder Zeit durchschaut. Irgendwann sagte er nicht mehr konsequent Nein, sondern nur einfach nicht Ja, was einen wesentlichen Fortschritt darstellte. Also zog ich mein letztes Ass aus dem Ärmel: Sammys Schwester war schwanger.

Gedeckt von einem jungen Rüden aus Finnland, dessen Fell im schönsten Merle schimmerte, das ich je gesehen hatte. Ulla, die Züchterin, erklärte, das sei das berühmte »finnische Blau«, das so ungewöhnlich rein sei, dass sie es einfach in ihre Linien hatte einkreuzen müssen. Sie selbst überlegte, eine Hündin aus dem Wurf zu behalten.

Lucy, Sams Schwester, war von ähnlich ungestümem Gemüt wie ihr Bruder. Trieb und Feuer waren also garantiert, das, was ich für den Sport brauchte. Und über den Rüden hieß es, er sei ein extrem temperamentvoller junger Bursche, noch unausgegoren in seiner Persönlichkeit – er hatte das erste Mal gedeckt –, aber auf jeden Fall sehr, sehr attraktiv. Ich erzählte meinem Mann wie nebenbei von der Wurfplanung. Irgendwann fragte er, wie nebenbei, wann noch mal die Welpen kämen.

Inzwischen gab es eigentlich nur noch ein Argument, das wirklich für ihn zählte: das Auto. Wir hatten eine älteren Golf, und mein Mann wollte ähnlich dringend wie ich einen neuen Hund ein neues Auto, einen größeren Kombi, und ich, die an Autos nur interessant findet, ob sie mich zuverlässig von A nach B bringen, hatte stets abgewehrt. Nun beugte ich mich mit ihm über einen VW-Variant-Prospekt, gab zu, dass ein geräumiger Kofferraum Vorzüge hätte und stimmte schließlich zu, dass wir uns ein neues Auto ganz nach seinen Wünschen kaufen würden. In Beziehungen, das weiß jeder, wird verhandelt, Lebenspartner sind wie Geschäftspartner, und unser Deal lautete: Kombi gegen Collie.

Ich glaube, das, was mich eigentlich dazu trieb, einen zweiten Hund zu wollen, war der Wunsch nach einer zweiten Chance. Ich hatte viel über Hunde, ihr Wesen, ihre Körpersprache, die Erziehung gelernt, ich fühlte mich in der Lage, diesmal alles richtig zu machen, und ich war wild entschlossen, es unter Beweis zu stellen. Ich wollte beim zweiten Hund die Bindung von klein auf richtig anlegen. Und ich wollte ihn für den Sport aufbauen, von Anfang an mit ihm die *Obedience*-Grundlagen trainieren, um nicht so dicke Bretter bohren zu müssen wie bei Sam. Im Sport war das üblich, viele hatten einen zweiten Hund, damit sie, wenn der erste Hund älter wurde, mit dem Nachwuchs an den Start gehen konnten.

Ich habe mich in dieser Zeit viel mit den Besitzern zweier Hunde unterhalten. Für viele stand der Wunsch im Vordergrund, dass ihr erster Hund einen Gefährten haben sollte, damit sie sich zu zweit weniger langweilen würden, wenn ihre Menschen aus dem Haus waren. Solche Erklärungen nickte ich ab, aber ich verstand sie nicht wirklich. Ich vermutete, dass zwei Hunde genauso auf ihre Menschen warten würden wie einer allein.

Andere erzählten mir, dass sie die Begeisterung für die Rasse zum zweiten Hund getrieben hatte. Tatsächlich sah und sehe ich immer mehr Menschen mit zwei fast identisch aussehenden Hunden an der Leine. Offenbar formt die Haltung einer bestimmten Rasse eine Art Hundehalter-Identität, die man nicht durch einen anderen Hund verwässern möchte. Hatte ich womöglich auch eine Collie-Halter-Identität? Und wie sah die aus? Wenn ich mir etwas wünschte, dann, dass der nächste Hund wieder eine so sonnige Natur hätte wie Sam.

Interessanterweise fällt, wenn man Menschen nach ihren Gründen für einen zweiten Hund fragt, die Antwort ähnlich vage aus wie die, wenn man Eltern nach den Gründen für ein zweites Kind befragt. Die meisten können es nicht genau erklären, es scheint einfach dazu gekommen zu sein, vielleicht, weil es eine unbewusst verinnerlichte Norm ist. Ein Einzelkind großzuziehen gilt vielen als zweitbeste Möglichkeit. Vielleicht findet da ein Transfer statt und Hundehalter übertragen den Einzelkind-Reflex auf ihr Rudel.

Einige Mehrhundehalter erzählten, sie hätten einfach Erziehungsarbeit abgeben wollen. Sie waren der Meinung, der zweite Hund schaue sich beim älteren alles Notwendige ab, als Mensch hätte man da weniger Mühe, der Kleine würde »so mitlaufen«. Daran glaubte ich keine Sekunde. Natürlich beruhigte es mich, dass unser Welpe einen sehr sicheren, nicht durch Sirenen oder Hektik aus der Ruhe zu bringenden Hund vorfinden würde. Aber ich wusste auch, dass Sam über zwei Qualitäten verfügte, von denen ich auf keinen Fall wollte, dass der junge Hund sie übernahm, die aber nachzumachen großen Spaß machen würde: das territoriale Rüpeln und die Protest-Bellerei. Wenn ich als Mensch nicht sehr klar den Ton angeben würde, wäre es nur eine Frage der Zeit, bis die beiden zusammen die Macht auf der Straße an sich reißen würden.

Der Wagen war bestellt, die Mütterhündin kurz vor der Niederkunft. Wir wollten diesmal eine Hündin, ich wollte in Erfahrung bringen, wie das Leben mit einem Mädel wäre. Und ich hatte auch einfach keine Lust auf eine neue Testosteron-Runde. Zudem hörten wir häufig, dass Hündin und kastrierter Rüde eine gute Kombination wären und sie meist harmonisch zusammenlebten: Die Läufigkeit der Hündin würde den Rüden nicht stören, zugleich wäre der Rüde selbstbewusst genug, Versuche der Hündin, den Ton anzugeben, abzuwehren. Käme ein Rüde zu einem Rüden, könnte es Rang-Gerangel geben. Und bliebe der neue Rüde unkastriert, würde er Sam unweigerlich unterbuttern, und das, fand ich, hatte Sam nicht verdient, wenn er schon verdonnert wurde, sein Leben mit dem anderen zu teilen.

Sam ahnte von alldem nichts. Er lebte fröhlich sein Collie-Gott-Leben, wusste sicher, dass er bei uns an erster Stelle stand und kam natürlich im Traum nicht darauf, dass etwas die volle Aufmerksamkeit, die wir ihm zukommen ließen, gefährden könnte. Er war mit seinen fünf Jahren ganz bei sich angekommen. Er wusste, wie die Dinge liefen, und er mochte diese Sicherheit.

Er dachte sich nichts, als wir aufgeregt vor dem Computer saßen und die ersten Fotos des neuen Wurfes betrachteten. Er dachte sich auch nichts, als es immer häufiger um die kleine Hündin mit der Harlekin-Stirn ging, halb blau, halb schwarz. Ihn interessierte es null, dass wir Namenslisten im Internet studierten, und es war ihm schnuppe, dass wir ihn an einem Sonntagmorgen allein zu Hause ließen und ins Auto stiegen.

Lucy hatte elf Welpen bekommen, und da ich bereits einen Hund aus dieser Zucht hatte, durften wir früh zum Gucken kommen und uns einen Hund aussuchen. Ich hatte mich eigentlich anhand der Fotos schon für das Harlekin-Mädchen entschieden. Ulla sagte, ihr habe bei der Geburt der Kleinen der Atem gestockt wegen der besonderen Zeichnung.

Aber noch hatten die Welpen die Augen geschlossen, und ich konnte noch nicht sicher sagen, ob sie mir wirklich am besten gefiel. Außerdem war da noch ein Rüde, für den ich mich sehr interessierte. Ulla war einverstanden, für uns erst mal beide zu reservieren.

Diesmal machten wir kein materielles Gewese um den Welpen. Wir funktionierten einen Pappkarton zum Welpenbett um, das der Hund sowieso zerlegen würde, und legten eine Decke hinein. Und ich kaufte gebraucht ein Junghund-Halsband-Leinen-Set in Lila, passend zum blauen Fell. Ich bestellte ein paar Bücher zum Thema Rudelzusammenführung, ging im Geiste durch, wie ich Sam und die Kleine (oder – immer noch im Rennen – den Kleinen) sich erst einmal auf neutralem Terrain beschnuppern lassen würde, bevor ich den Welpen mit ins Haus brächte.

Beim zweiten Besuch hatten die Hunde die Augen offen. Ich saß am Auslauf, in dem sich elf junge Hunde in ihrer kurzen Wachphase balgten, um danach, mitten in der Spielerei, umzufallen und auf der Stelle steinschwer einzuschlafen. Die kleine Harlekin-Hündin war die hübscheste, sie hatte neben den Merle-Farben auch ein wenig Rot an den Beinen und um die Nase, den sogenannten »Tan«, was meinem Mann besonders gut gefiel. Allerdings kam sie mir etwas introvertiert vor, aber ich dachte, das sei vorübergehend, weil sich das Verhalten von so kleinen Hunden noch von Woche zu Woche ändert. Noch immer gefiel mir auch der Rüde, aber als die Züchterin mir mitteilte, dass sie überlege, die Hündin selbst zu behalten, ergriff mich Panik. Ich merkte, dass ich sie wollte, unbedingt und auf jeden Fall.

Beim dritten Besuch nahmen wir Sam mit. Es war ein warmer Frühlingstag, die Welpen tobten im Freilauf im Garten. Sam bewedelte Ulla ausgiebig, dann legte er sich unter einen Baum in den Schatten und betrachtete Lucys Brut aus halb geschlossenen Augen, ganz Kerl, der findet, dass Aufzucht und Pflege des Nachwuchses Frauensache ist. Kam ein Welpe zu ihm getapst, wandte er desinteressiert den Kopf ab.

Ich war ein wenig enttäuscht, ich hatte gehofft, Sam würde mehr Freude an den vielen munteren Hunden haben und mir im besten Fall einen Hinweis geben, dass auch er das Harlekin-Mädchen bevorzugte. Doch keiner der jungen Hunde erwärmte erkennbar sein Herz. Er döste, genoss seinen Rüdenstatus und erwartete ansonsten baldigen Aufbruch.

Wie schon bei Sam war auch beim Harlekin-Mädchen keine Magie im Spiel, sie strengte sich nicht irgendwie an, mich für sie einzunehmen. Ulla erzählte, dass sie von Anfang an die Prinzessin im Wurf gewesen sei. Alle anderen Welpen würden aufgeregt um sie herumspringen, wenn sie in den Auslauf trat, aber dieses Mädchen blieb im Abseits und suchte stattdessen intensiven Augenkontakt. Sie starrte, bis Ulla sich um sie kümmerte. Tat Ulla das nicht, schnappte sie lautstark in die Luft.

Mir war das Verhalten ebenfalls aufgefallen. Zehn Welpen schaukelten auf dem Besen, wenn Ulla den Auslauf reinigte, oder bissen durch das Gitter nach jedem, der einen Finger hindurchsteckte. Aber das Harlekin-Mädchen saß im Hintergrund und starrte, als würde sie sich gerade sehr konzentrieren. Da sie ansonsten einen völlig normalen Eindruck machte – sie tobte im Auslauf sehr fidel mit den Geschwistern, sie war etwas klein, aber durchaus kräftig –, beschlossen wir endgültig, sie zu uns zu nehmen.

Ulla gab sie nur schweren Herzens her, sie schlug vor, dass sie sie in Mitbesitz behalten würde und sie, je nachdem, wie sich der Hund entwickelte, für einen Wurf zurückbekäme. Wir stimmten zu, nachdem wir lange abgewogen hatten, ob wir das wollten: unseren Hund für Wochen weggeben, in einer für den Hund so wichtigen Phase wie der Welpenzeit nicht durchgehend bei ihr zu sein. Aber wir hatten Vertrauen zu Ulla, wir wussten, dass es der Hund gut bei ihr haben würde.

Die Entscheidung war da, und mit ihr der Name, ein bisschen elegisch, aber von erhabener Schönheit: Fee.

11.
FEE IST DA

An einem Donnerstagmorgen fuhren wir mit unserem neuen Kombi zu Ulla, um Fee abzuholen. Sie war achteinhalb Wochen alt, ich wollte sie früh zu uns holen, um sie an uns zu gewöhnen. Heute denke ich, es war zu früh, gerade ein so sonderbarer Hund wie Fee hätte länger im Schutz ihres Rudels bleiben müssen, um sich weiterzuentwickeln. Aber andererseits sind Welpen ab einem bestimmten Alter grausam zueinander, sie mobben und keulen sich. Lieber wollte ich, beseelt von der Vorstellung, diesmal alles richtig zu machen, Fee beizeiten unter meine Fittiche nehmen.

Ich hatte eine Decke auf den Rücksitz unseres Neuwagens gelegt, daneben eine Rolle Wischtücher, falls sich der Hund übergeben müsste. Fee tollte ein letztes Mal mit ihren Geschwistern, dann nahm ich sie hoch und trug sie ins Auto. Als ich sie auf der Rückbank absetzte, zitterte sie am ganzen Körper.

Mein Mann fuhr so vorsichtig, wie es eben ging, aber Fee übergab sich schon, bevor wir die Hauptstraße erreicht hatten. Sie saß zusammengekauert auf der Decke neben mir, vibrierend vor Angst, und spuckte im Drei-Minuten-Takt, bis die Wischtücher aufgebraucht waren und mein Vorrat Tempotaschentücher auch. Sam hatte auf seiner Abholfahrt ein einziges Mal gespuckt, in der letzten Kurve vor unserer Straße, aber Fee hörte gar nicht mehr damit auf.

Etwas erschrocken über ihren Zustand erreichten wir unser

Zuhause. Nun sollte alles nach Plan ablaufen. Ich legte ihr das kleine lilafarbene Halsband um – die Züchterin hatte angesichts der Größe des Wurfs die Welpen nicht an Halsbänder gewöhnt –, hakte eine Leine ein und trug das aufgeregte Häufchen Hund zu einem ruhigen Weg in der Nähe unseres Hauses. Mein Mann holte Sam, die beiden Hunde sollten sich beschnüffeln und kennenlernen. Sam begrüßte mich freudig und ignorierte das Kleinteil an meiner Leine. Wir warteten ab, aber er nahm partout keinen Kontakt zu ihr auf. Also beschlossen wir, dann eben einfach so ins Haus zu gehen. Ich sagte mir, dass die externe erste Begegnung vor allem für ältere Hunde wichtig sei, damit der Neuankömmling nicht einfach in das Territorium des Älteren platzt und es deswegen Streit gibt, nicht aber bei einem Welpen und einem freundlichen älteren Hund.

Wir trugen Fee die Eingangsstufen hinauf und setzten sie im Hausflur ab. Ich hatte Videos gesehen, in denen kleine Hunde ihr neues Heim erkunden, nach einer kurzen eingeschüchterten Phase machten sie sich auf, einen Raum nach dem anderen zu inspizieren. Fee blieb wie ein verschrecktes Vögelchen am Eingang hocken. Sam, der Fee eher für ein bedeutungsloses Insekt als für einen neuen Mitbewohner zu halten schien, legte sich wieder in sein Schlauchboot und grunzte zufrieden.

Fee pinkelte in den Flur, dann blieb sie neben der Lache auf der Fußmatte liegen, völlig erschöpft und zugleich überwältigt von der neuen Welt, in die sie verfrachtet worden war. Ich setzte mich zu ihr, und dort saßen wir. Es dauerte den halben Tag, bis sie sich traute, einen Schritt in Richtung Wohnzimmer zu machen.

Am nächsten Tag war Fee bereit, ein bisschen zu fressen. Und sie lief im Garten umher, der hinter dem Haus liegt, uneinsehbar von der Straße, sicher und geschützt. Der Garten gefiel ihr, er war ein bisschen so wie der, den sie aus ihrem alten Zuhause kannte, das gab ihr offensichtlich Sicherheit. Es war ein schöner Apriltag, die Sonne wärmte das Gras, Fee näherte sich Sam und forderte ihn

Das Rudel

Sam, der Collie-Gott ... hier, noch ganz unbedarft, zum ersten Mal auf Frauchens Arm

Sam lernt Geduld – und Herrchen, Futterbeutel zu öffnen

Fee, sehr süß, sehr klein –
und noch ohne klaren Plan fürs Leben

Das erste Beschnüffeln bei der Züchterin...

... und kurz nach Fees Ankunft im eigenen Garten

Die Collie-Kumpel beim Strandurlaub

Auch mit elf Jahren findet Sam noch seinen Such-Gegenstand im Trümmerfeld

... in seiner Jugend bevorzugte er Sportarten, bei denen die Erde spritzt

Fee an der richtigen Geruchs-Kammer

... wofür es bei der ZOS-Meisterschaft einen Pokal gab

Zwei Schönheiten im Herbstlaub – zwei Freunde fürs Leben

keck zum Spielen auf, und tatsächlich tat er ihr den Gefallen. Wir entspannten uns alle, zum ersten Mal zeigte Fee ein unbekümmertes Verhalten.

Die beiden tobten über den Rasen, Sam setzte nonchalant hinterher, als Fee wie eine Irre mit gesenkter Rute durch die Beete mit Tannen und Rhododendrensträuchern raste. Ich vermute, er hielt Fee für einen Gast, der bald, wenn ihre Leute zurückkämen, wieder aus seinem Leben verschwinden würde.

Fee wurde zunehmend freier, zumindest in Haus und Garten, und trotzdem war mit ihr alles völlig anders als es mit Sam gewesen war. Sie war sehr klein, sie hatte eine hektische Körpersprache und alles, wirklich alles konnte sie aus der Fassung bringen. Wir hatten in Sams alter Buddelecke im hinteren Teil des Gartens einen Bereich eingerichtet, in den wir mit ihr, so lange sie nicht stubenrein war, zum Gassi gingen. Es brauchte so gut wie nichts, damit Fee dabei völlig die Nerven verlor. Schon eine Hummel, die eine Blüte umschwirrte, erschreckte sie so, dass sie nicht mehr pinkeln konnte. Fiel ihr ein Regentropfen auf die Nase, verharrte sie vor Schreck. Zeigte sich ein Nachbar am Gartenzaun, war alles vorbei. Auf der Stelle verkroch sie sich hinter mir. An Pinkeln war nicht mehr zu denken. Immerhin: Sie begann mir zu vertrauen und suchte bei mir Schutz.

Wir hatten im Vorfeld mit vielen Leuten über die beste Strategie gesprochen, den Welpen an uns zu binden. So, wie es bei Sam gelaufen war – wir hatten es laufen lassen und er hatte sich quasi selbst geprägt –, sollte es nicht wieder sein. Eine Freundin empfahl uns, den Welpen in den ersten zwei Wochen keinen Außenreizen auszusetzen, ihn nur bei uns zu behalten, ihn viel auf dem Arm zu tragen, damit er verstand, dass wir sein neues, sicheres Zuhause waren. Wir sollten keinen Besuch einladen und den Postboten an der Pforte abfangen, damit er den Neuzuwachs nicht erschreckte.

Theoretisch leuchtete mir das ein, aber ich fand auch, dass

dem Hund zu viel davon entgehen würde, was ebenfalls wichtig war: ein von uns kontrollierter Kontakt zu anderen Hunden und Menschen. Gerade bei Fee hatte ich den Eindruck, dass sie, wenn sie nicht früh genug mit der Außenwelt in Beziehung träte, sich ganz in ihrer sicheren Wohnzimmer- und Gartenwelt verkriechen würde.

Während ich mir bei Sam keine detaillierten Gedanken darüber gemacht hatte, was er in den ersten Wochen lernen und erleben sollte, hatte ich mir vor Fees Ankunft einen Plan gemacht für all die Dinge, mit denen ich sie in den ersten Tagen vertraut machen wollte. Doch nichts davon setzte ich um, es ging einfach nicht. Wir verbrachten die erste Zeit weitgehend zu Hause, denn Fee war nicht bereit, einen Fuß vor die Tür zu setzen. Immerhin, es gab kleine Erfolge: Sie gewöhnte sich an ihr Halsband und langsam auch an die Leine. Wir setzten sie jeden Tag für ein paar Minuten ins Auto, damit sie ihr Abholtrauma nicht mit dem Fahrzeug verband. Wir machten den Motor an und wieder aus, sie sollte lernen, das Geräusch und die Vibration als normal zu empfinden. Und das tat sie, sie gewöhnte sich tatsächlich und übergab sich beim Fahren nur noch sehr selten.

Es waren seltsame erste Tage. Ich hatte endlich meinen zweiten Hund, aber das Glück, auf das ich gehofft hatte, stellte sich nur punktuell ein. Natürlich hatte ich nicht erwartet, vor Welpenbesitzerstolz auf Wolke sieben dahinzuschweben; ich wusste ja, was für eine Arbeit kleine Hunde machen. Aber es war wie beim Zahnarzt: Erst wenn man auf dem Stuhl sitzt, fällt einem wieder ein, wie weh Bohren tut.

Solche schmerzhaften Momente hatte ich, wenn mir wieder einmal bewusst wurde, wie anders alles mit Fee war. Nicht nur wegen ihrer Scheu, die wir zwar für seltsam hielten, von der wir aber noch dachten, dass sie, wenn sich der Hund eingewöhnt hätte, verschwinden würde. Sondern einfach, weil Fee ein sehr kleiner, unerfahrener Hund war. Es waren banale Situationen wie diese aus den ersten Tagen mit ihr: Ich rief ihren Namen und sie reagierte nicht. Niemand hatte ihr bisher beigebracht, sich auf ein Wort hin angesprochen zu fühlen, insofern: Woher sollte sie es können? Und doch begriff ich in solchen Augenblicken, wie weit der Weg war, der vor uns lag. Die große Selbstverständlichkeit, mit der Sam und ich miteinander umgingen und die unser Leben so entspannt machte, war – natürlich – nicht da. Mit Fee musste ich bei null, oder eher noch unter null anfangen.

Ich musste an das abgedroschene Sprichwort denken vom Esel, der aufs Eis geht, wenn es ihm zu wohl wird. Manchmal fragte ich mich – diesen Gedanken behielt ich selbstverständlich für mich, weil ich meinem Mann gegenüber meine Zweifel nicht eingestehen wollte – ob ich dieser Esel war, ob ich wirklich Kapazitäten für zwei Hunde hatte.

Unsere größte Herausforderung bestand darin, mit Fee das Haus zu verlassen. Sie war nicht dazu zu bringen, sich aus der Vordertür in Richtung Straße zu bewegen, wobei Straße in unserem Fall eine wenig befahrene Kopfsteinpflasterstraße bedeutetet, auf der – zumindest, wenn nicht gerade die nahe gelegene Schule aus ist –, nur gelegentlich Passanten vorbeikommen. Drei Stufen führen von unserem Haus hinunter zum Gehweg, der 15 Meter vom Gartentor entfernt liegt, und für Fee waren diese Stufen wie der Abstieg in den Höllenschlund. Zitternd weigerte sie sich, auch nur einen Schritt zur Treppe zu machen. Wir legten Frikadellen auf die Stufen, ich lockte sie mit Putenbrust. Aber vor lauter Angst war ihr das Essen egal. Wir übten in kleinen Einheiten, immer nur zwei, drei Minuten, aber schon, wenn wir die Haustür öffneten, lief Fee zurück ins sichere Wohnzimmer.

Dort war sie dann ein munterer, gut gelaunter Hund. War Sam in der Nähe, drehte sie richtig auf. Sie sprang ihn an, rupfte an seinem Kragen, biss hinein und schaukelte darin, klein wie sie war, herum. Sie liebte es, sein Fell zu fressen, immer wieder mussten wir ihr die Büschel aus dem Rachen ziehen. Sam war in ihren

Augen ein gutmütiger Riese, der große Anker in ihrem fragilen Leben, und tatsächlich ließ er Fee einfach machen, bis wir dazwischengingen, um ihn zu erlösen.

Für Sam war all das neu. Zwar war er an Hundegruppen und die Verteilung sozialer Positionen darin gewöhnt. Aber er hatte nie in den eigenen vier Wänden mit einem anderen Hund verhandeln müssen. Äußerlich nahm er es gelassen, zeigte sich duldsam und leidensbereit; nie, auch später, wenn Fee ihm beim Dummy-Training den Futterbeutel aus dem Fang stahl, oder ihn so lange mit Spielaufforderungen nervte, bis er darauf einging, setzte er sich ihr gegenüber zur Wehr. Kleinere Maßregelungen, Nichtbeachtung, ein Grummeln oder eine abweisende Pfote waren das Höchste, was er gegen sie auffuhr. Fee verstand diese Signale, die kleinen Ein- und Unterordnungsansagen des Älteren, sie zog sich zurück oder duckte sich weg, war aber danach bald wieder zur Stelle. Das Einzige, was Sam konsequent nicht duldete, war, wenn Fee es sich in seinem Schlauchboot gemütlich gemacht hatte und er hineinwollte. Dann baute er sich davor auf und starrte sie so lange an, bis sie aufstand und sich trollte.

Ich liebte ihn für seine Gutmütigkeit. Er räumte seinen Platz nicht für Fee, aber er machte es ihr leicht, sich neben ihm in die Gruppe, die wir nun waren, einzupassen. Für sie wie für uns war das ein Geschenk.

Aber ich sah auch sehr bald, dass ihm das Ganze an die Nieren ging. Mit Fee war Dauerstress in sein Leben gekommen. Wir bemühten uns, Fee nicht in den Mittelpunkt zu stellen, wir schickten sie weg, wenn wir Sam streichelten und sie sich dazwischendrängen wollte. Aber natürlich nahm sie Zeit in Anspruch, die sonst ungeteilte Sam-Zeit gewesen wäre; etwa, wenn wir mit ihr spielten, ich sie ans Apportieren und den Klicker gewöhnte und mit ihr kleine »Sitz«- und »Fuß«-Übungen machte, statt mich mit ihm zu beschäftigen.

Hilfreich war, dass sie die Box, die wir ins Wohnzimmer gestellt hatten, großartig fand. Sie liebt ihre eigenen vier Wände bis heute und zieht sich darin zurück, wenn sie genug hat von der Welt. Damals war das dauernd der Fall, und wir konnten einfach die Tür einhaken und uns Sam widmen.

Wenn wir merkten, dass Fee Sam überstrapazierte, sagte ich »Pause«, packte sie im Fell und trug sie, wie eine Hündin ihr Junges im Maul trägt, neben einen Stuhl, und dort musste sie dann still ausharren, bis ich aufstand und sie freigab. Auf diese Weise lernte sie runterzufahren und auf ein Wort hin ihr Tun zu unterbrechen. »Pause« funktioniert noch heute zuverlässig, und ich benutze es immer, wenn Sam und Fee sich gemeinsam in etwas hineinsteigern, ins Betteln um Futter etwa, oder wenn sie beim gemeinsamen Toben zu sehr hochfahren.

Es dauerte zwei, drei Wochen, bis Sam verstand, dass der kleine Hund nicht mehr gehen würde. Er wirkte zunehmend traurig und zog sich von uns zurück. Ich weiß nicht, ob Hunde wirklich Trauer empfinden können, das ist ein alter Streit in der Wissenschaft. Ich glaube aber, dass Tiere, die so viele Tausend Jahre in engem Bezug zum Menschen gelebt und für ihr Überleben gelernt haben, die eigenen Leute möglichst gut zu beobachten und sich ihrem Verhalten und ihren Regungen anzupassen, in der Lage sind, menschenähnliche Gefühle zu empfinden und auszudrücken. So, wie Sam sich in seine Welt zurückzog, sah es definitiv leidvoll aus.

Erst fiel uns auf, dass er mit uns sein Lieblings-Zerrspiel nicht mehr spielen wollte. Jahrelang hatte er sich Abend für Abend nach dem Fressen mit seiner Decke im Maul vor uns aufgebaut und so lange plüschig geguckt, bis wir darauf eingegangen waren. Wir taten dann so, als wollten wir sie ihm entreißen, und er hielt sie fest. Bekam er sie ganz zu fassen, schleuderte er sie wild grunzend durch die Gegend, trampelte, rückwärts gehend, auf ihr herum und versuchte, sie wie ein frisch erlegtes Stück Wild zu zerfetzen. »Decke« nannten wir dieses Spiel, und nun wollte Sam es nicht mehr spielen. Wir wedelten mit der Decke vor seiner Nase herum, taten so, als hätten wir großen Spaß dabei, sie totzuschleudern, aber Sam blieb desinteressiert in seinem Schlauchboot liegen. Immer öfter lag er so da: eingerollt, in sich gekehrt, mit einer gehobenen Braue Fee und uns beobachtend. Ein Lassie-Blick wie aus einer Filmszene, in der Lassie von gefühlskalten Tierfängern aufgegriffen und in ein Tierheim gesperrt wird.

Darauf war ich nicht vorbereitet. Ich hatte wirklich erwartet, dass Sam, der Hundekumpel, das Leben mit einem zweiten Hund bereichernd finden würde, und unterschätzt, wie sehr ihn die ersten fünf Jahre seines Lebens geprägt hatten. Es war ein großes Unglück, ihn so zu sehen, nun war ich vollends sicher, etwas Schreckliches angerichtet zu haben: Mein egoistischer Wunsch nach einem zweiten Hund, den ich ohne Rücksicht auf die Bedürfnisse des Älteren, oder, nicht weniger schlimm, in Verkennung seiner Bedürfnisse umgesetzt hatte, war schuld an Sams Leid. Wenn ich ihn so daliegen sah, wie ausgeschaltet, war das kaum zu ertragen. Heute denke ich, dass er in Wahrheit dabei war, sich an eine neue Situation anzupassen, aber damals sah ich darin vor allem ein entsetzliches Drama.

Alles in allem boten die ersten Wochen mit Fee ein ständiges Wechselbad der Gefühle. Die schönsten Momente waren, wenn die Hunde miteinander herumtollten, aber dann lag Sam wieder gleichgültig in seiner Ecke, und Fee ließ sich noch immer nicht dazu bewegen, mit uns an die Straße zu kommen. Meist schnappten wir sie uns, setzten sie ins Auto und fuhren mit Sam und ihr in eine ruhige Umgebung, in einen Park, auf eine abgelegene Wiese. Dann entspannte sie sich und lief munter neben uns her.

Parallel dazu hatten wir begonnen, mit ihr zu Geli in unsere alte Hundeschule zu gehen. Zwei Mal in der Woche fand dort das »Kontrollierte Welpenspiel« statt, eine Stunde, in der die Welpen nacheinander in kleineren Gruppen frei laufen durften und zugleich die Möglichkeit hatten, jederzeit zwischen den Beinen ihrer

Besitzer Sicherheit zu finden. Eine Möglichkeit, von der Fee häufig Gebrauch machte. Zwar taute sie nach und nach in der Gruppe auf, wurde mutiger, auch ruppiger, aber sobald kleine Lektionen eingebaut wurden wie etwa auf einer raschelnden Plastikplane nach Futterstücken zu suchen, stand Fee bebend am Rand und traute sich nicht. »Gib ihr Zeit«, beruhigte mich Geli. »Sie ist einfach noch nicht so weit. Sie braucht länger als andere Hunde, aber das holt sie wieder auf.«

Ich wollte das sehr gern glauben. Aber die Erkenntnis lauerte bereits in meinem Unterbewussten, auch wenn ich standhaft versuchte, sie niederzukämpfen: Fee war ein extremer Angsthund.

12.
FEE HAT ANGST

Angst ist bei Collies ein weitverbreitetes Problem. Viele meiden Treppen, wacklige, rutschige oder einfach unebene Untergründe. Andere sind schreckhaft, was Geräusche betrifft. Wieder andere fürchten sich vor Menschen, Fahrrädern, Autos, Hauseingängen.

Weil Sam ein sehr sicherer Hund war und ist, hatten wir uns über dieses Thema im Vorfeld wenig Gedanken gemacht. Und da wir die Zucht kannten und Fee quasi zur Verwandtschaft gehörte, waren wir davon ausgegangen, erneut einen ähnlich stabilen Hund zu bekommen. Deshalb traf uns die Erkenntnis, dass mit Fee etwas nicht stimmte, mit voller Wucht.

Es dauerte vier Wochen, bis ich sie schließlich die Eingangsstufen herunter und in den Vorgarten bekam, dort stand Fee dann und blockierte mit der ganzen Kraft ihres kleinen Körpers jeden Versuch, sie auch nur einen Meter weiter in Richtung Straße zu bewegen. Ich holte mir einen Stuhl, setzte mich neben sie und wartete ab; ich wollte ihr, wie Geli es empfohlen hatte, Zeit geben.

Ich hatte einen Großteil meines Jahresurlaubs genommen, um mit Fee durch die Eingewöhnungszeit zu gehen. Doch statt Besuche auf dem Pausenhof der nahe gelegenen Grundschule oder am S-Bahn-Bahnhof zu machen, saß ich auf einem Klappstuhl vor unserem Haus und tat nichts als Fee zu demonstrieren, wie entspannt und selbstverständlich es ist, sich außerhalb des Hauses aufzuhalten. Meinen Eingewöhnungsplan für die ersten Wochen konnte ich längst in die Tonne treten. Fee ließ sich nicht systematisch aufs Leben vorbereiten.

Während ich auf meinem Stuhl vorm Haus Normalität spielte, konnte sie nicht eine Sekunde abschalten. Die ganze Zeit scannte sie das Geschehen jenseits der Grundstücksgrenze und duckte sich bei jedem Rascheln weg. Kamen Leute vorbei, die sich unterhielten, versuchte sie sofort, Richtung Haus zu fliehen. Dass Sam sich auf dem Rasen wälzte, sich in der Sonne ausstreckte und jeden, der für einen kleinen Plausch am Zaun stehen blieb, freudig wedelnd begrüßte, ignorierte sie. Sie nahm, wenn sie Angst hatte, Sam einfach nicht wahr.

Nach einer weiteren Woche trug ich sie auf den Bürgersteig, setzte sie ab und marschierte einfach mit ihr los; nach ein paar Stemmpfoten-Versuchen folgte sie mir mit zögerlichen Schritten. Ich wollte, dass sie lernte, sich an der Straße zu erleichtern, aber daran war nicht zu denken. Jedes Geräusch – Schritte von hinten, ein Klavierspiel aus dem Nachbarhaus, ein Lkw an der fernen Hauptstraße –, jeder Gegenstand am Straßenrand – ein parkendes Mofa, ein Baustellen-Flatterband, eine Mülltonne, ein Info-Plakat der freiwilligen Feuerwehr –, alles, was uns entgegenkam – eine Mutter mit Kinderwagen, ein Roller, eine Frau mit Koffer – alles löste in ihr eine solche Panik aus, dass sie versuchte, sich auf der Stelle aus dem Halsband zu winden.

Erst schoben wir ihre Angst noch darauf, dass sie wirklich sehr jung war. Aber mehr und mehr zeigte sich, dass es keine altersbedingte Vorsicht war, an der sie litt. Sie war nicht ängstlich auf die Collie-typische Art, es waren keine bestimmten Herausforderungen, auf die sie reagierte. Eher war es die Umwelt an sich, das ganze unkontrollierte Leben jenseits unserer Haustür, das sie aus der Fassung brachte. Fee war wie Feenstaub, man musste sie nur anpusten, und sie zerstob in alle Winde.

Ich holte mir Rat, wo ich ihn nur finden konnte, schaute die Hundeprofi-Sendungen von Cesar Millan und Martin Rütter, fragte Geli und Kerstin, die Dummy-Trainerin, fragte meine *Obedience*-Trainerin Sigrid und die Leute aus dem Schäferhundeverein. Sie alle beobachteten Fee und kamen einhellig zu dem Schluss, dass sie extrem war.

Hunde, die ganz anders sind als man sie sich gewünscht oder es erwartet hat, sind eine beinharte Prüfung. Dass ich inzwischen glaube, dass Fee und ihr Verhalten für mich auch eine riesige Chance waren, fällt mir jetzt, da Fee erwachsen und noch immer ziemlich verrückt ist, aber ansonsten im Leben gut zurechtkommt, leicht zu sagen. Aber es ist so. Fee hat mich unendlich viele Dinge gelehrt, praktische Dinge, die den Umgang mit Angsthunden betreffen. Aber auch Dinge, in denen es um meine Persönlichkeit, mein Selbstbild geht. Ich musste mich innerhalb weniger Wochen von meinem Stolz verabschieden, aus dem Ego-Macker Sam einen lieben, souveränen Hund gemacht zu haben, und von meiner Vermessenheit zu glauben, nur weil mir das einmal gelungen war, hätte ich Ahnung von Hunden. Meine Überzeugung, beim zweiten Hund alles richtig machen zu können, brach komplett in sich zusammen.

Wie gesagt: Heute sehe ich das Gute darin; ich weiß jetzt, welche Verschrobenheiten eine Hundeseele mit sich bringen kann, und bin auf alles gefasst. Nie wieder würde ich sagen, dass ich einen Hund zu nehmen weiß, Fee hat mir jede Hybris ausgetrieben. Damals aber war ich tief verunsichert und tendenziell verzweifelt, auch, weil Sams Melancholie, anders als mir alle vorhergesagt hatten, nicht nach wenigen Wochen verschwand. Sie blieb, nicht als Dauerzustand – er hatte viele entspannte, fröhliche Zeiten –, aber als Loch, in das er immer wieder fiel. Ich glaube, ich habe mich selten so oft traurig und überfordert gefühlt wir in dem ersten Jahr mit meinem neuen kleinen Hund.

Ich empfand die Arbeit mit ihr als fortwährenden Grenzgang. Ich durfte sie nicht überfordern, aber ich wollte sie auch nicht von Reizen fernhalten, die sie als bedrohlich empfinden könnte, sonst hätte sie gelernt, dass Meiden Erfolg verspricht. Ich konnte sie nicht zu Dingen zwingen, die ihr zu große Angst machten, musste Angstsituationen aber auch darüber lösen, dass ich eine klare Ansage machte: sie dazu zu bringen mitzukommen, an einer vermeintlichen Gefahrenquelle vorbeizugehen oder es auszuhalten, dass gerade ein Fahrrad von vorn kam.

Entscheidend ist dabei, dass man dem Hund Sicherheit gibt. Und diese Sicherheit muss vom Menschen ausgehen, nicht vom älteren Hund. Zwar ist es ein Vorteil, wenn der Ältere gelassen auf alle Alltagsherausforderungen reagiert. Aber es ist keine Garantie dafür, dass der Kleine daraus lernt. Mehr noch hatte ich manchmal die Befürchtung, dass sich die Angst überträgt und Sam wegen Fees Verhalten plötzlich auch Dinge beunruhigend finden könnte, über die er vorher nie nachgedacht hatte. Von Anfang an gingen wir möglichst viel mit jedem Hund allein. Ich wollte, dass Fee lernt, Stärke aus sich heraus zu entwickeln und nicht in Abhängigkeit zu Sam.

Jeder Spaziergang mit ihr war zugleich ein Mentaltraining für mich. Ich musste mich vorher gedanklich aufladen, um selbst die Sicherheit in mir zu fühlen, die ich Fee vermitteln wollte. Ich visualisierte die Situationen, in denen sie sich erfahrungsgemäß gleich wieder zu Tode erschrecken würde, und stellte mir vor, wie sie durch die Stärke, die sie bei mir spürte, souverän durch diese hindurch kam. Ich baute gedanklich ein Energiefeld um mich herum auf, in dem Fee sich aufgehoben fühlen konnte.

Dann gingen wir los. Da ich wieder arbeitete, konnte ich nicht abwarten, bis sich morgens die Kinder auf die Schulen verteilt hatten, wir mussten mitten hindurch. Ich versuchte, unseren Radius langsam zu erweitern. Erst nur ein Stück die Straße entlang, dann um die Kurve bis zur Schule. Schließlich bis zur Hauptstraße, insgesamt etwa 200 Meter. Dann weiter, bis zur Bushaltestelle. Je genauer sie das Umfeld kannte, desto leichter lief sie mit.

Aber jede Veränderung in dieser gelernten Route warf sie aus der Bahn. Stand mal ein vergessener Pappkarton an der Straße, reagierte sie panisch, wehte ein leerer Cola-Becher vorbei, den jeder andere Hund neugierig beschnüffelt hätte, wich sie erschrocken zurück. War irgendwo ein Fahrrad abgestellt, das am Vortag noch nicht da gewesen war, wollte sie fliehen. Ich versuchte, wie ich es bei Martin Rütter gesehen hatte, ihr die Situation schön zu machen. Hockte mich neben das Fahrrad, warf ein paar Leckerli für sie auf den Boden. Aber Fee war zu verspannt, um zu fressen. Und es war egal, wie lang ich da hockte, sie kam nicht aus dem Fluchtmodus heraus. Ich glaube, ich habe im ersten Sommer mit Fee jeden Tag mindestens eine Stunde neben irgendwas an der Straße gesessen. Mal an der Bushaltestelle, damit sie »Verkehr« lernt. Mal an einen Baum gelehnt, weil daneben ein Roller abgestellt war. Mal in einem Straßencafé, um ihr zu zeigen, dass Menschen anwesend sein können, ohne dass das irgendwas für sie bedeutet.

Am häufigsten saß ich neben Mülltonnen. Mülltonnen waren für Fee das Allerschlimmste. Sie tauchten plötzlich auf, auf Wegen, auf denen am Vortag noch keine gestanden hatten. Sie waren groß und dunkel. Und sie wurden von sehr bulligen, sehr geräuschintensiven Fahrzeugen abgeholt, eskortiert von massigen Männern, die laut mit ihnen über den Gehweg polterten und beim Anblick von Fee einander »Mann, hat der Hund Schiss« zuriefen.

Ich habe viel Zeit neben Mülltonnen verbracht. Ich kann ihre Textur detailliert beschreiben, das weiche, kalte Plastik, die Art, wie sich der Deckel über den Rand stülpt. Ich weiß, welche Normgrößen es in Hamburg gibt und wann die Leute die Tonne rausbringen, eher am Dienstagabend vor der Müllabfuhr (schlecht für die letzte Gassirunde) oder erst Mittwoch früh (Spießrutenlauf am Morgen).

Den Kampf gegen die Tonnen habe ich verloren. Fee ist in ihrem ersten Jahr nicht an einer einzigen entspannt vorbeigegangen. Ich habe Leckerli um Leckerli um die Tonnen verteilt, um ihr den Schrecken zu versüßen, aber sie hat nur die genommen, die in respektvoller Entfernung vom schwarzen Monster lagen.

So ängstlich Fee auf der Straße war, so gut entwickelte sie sich, wenn sie sich sicher fühlte. Sie liebte es, wenn wir mit dem Futterbeutel Suchspiele machten. Sie hatte Spaß am Klicker-Training, sah genau zu, wenn ich mit Sam Steh-Sitz-Platz-Übungen machte und lernte dabei mit. Es machte ihr riesige Freude, abwechselnd mit ihm im Wohnzimmer zu trainieren. Sie hatte nie ein Problem damit, wenn ich sie mit einem »Bleib« in einer Ecke ablegte, sie blieb einfach liegen und wartete ab. Sam dagegen begehrte sofort auf, wenn er mal nicht dran war. Ich gewöhnte mir an, ihn dann in ein anderes Zimmer zu bringen und die Tür zu schließen, was er akzeptierte, sofern ich gelegentlich mit einem Futterstück vorbeikam.

Ich ging mit Fee bei Geli in die Jundhundstunde; weil wir den Grundgehorsam durch das *Obedience*-Training sehr gründlich übten, waren wir die Streber der Gruppe, was mich natürlich mit Stolz erfüllte. Auf Gelis Platz und im Schäferhundeverein fühlte Fee sich sicher. Mit anderen Hunden kam sie gut zurecht, sie liebte es, wenn sie hinter ihr herjagten, bei Kabbeleien hielt sie sich heraus.

Am liebsten mochte sie ihre Junghundgruppe im Verein, in die mein Mann mit ihr ging. Obwohl alle Hunde größer und älter waren als sie – ein Berner Sennenhund war dabei, ein Hovawart –, war Fee in dieser Gruppe mutig. Dort erschütterte sie nichts, kein Schuss in der Ferne, keine klappernden Dosen oder wackligen Holzstege, die die Leiterin der Gruppe für die Hunde aufbaute. Sie jagte durch den *Agility*-Tunnel und traute sich sogar, sich in einer Schubkarre über den Platz fahren zu lassen. Für meinen Mann und Fee waren das wertvolle Stunden, und es baute uns beide auf zu sehen, wie gut sie in einem sicheren Umfeld zurechtkam und wie begierig sie lernte, wenn die Angst ihren Kopf freigab.

Doch die Straße und Fees damit verbundenen Panikattacken blieben ein Problem. Ich telefonierte mit Ulla, der Züchterin. Ich erzählte ihr in allen Details, wie ängstlich Fee sich verhielt, und ich wollte wissen, ob es irgendetwas in der Welpenzeit gegeben haben könnte, das sie so nachhaltig verschreckt haben könnte. Ulla dachte lange nach, aber ihr fiel nichts ein. Bis auf den Umstand, dass Fee sie stets so durchdringend angestarrt hatte, war ihr nichts Ungewöhnliches aufgefallen. Sie sagte, von keinem anderen der Welpenkäufer habe sie Ähnliches gehört, aber es habe sich auch keiner der anderen Welpen schon auf der Autofahrt aus Angst ständig übergeben. Ich gestand ihr ein, dass der Gedanke, dass wir nun für viele Jahre einen Hund haben würden, der so ängstlich war, dass ein normales Alltagsleben mit ihm kaum möglich schien, mich belastete.

Ulla bot an, Fee zurückzunehmen. Ich musste darüber nicht nachdenken, selbstverständlich wollte ich den Hund behalten, trotz allem. Ich fand, es war unsere Aufgabe, ihr zu helfen; und ich fand es auch unabdingbar: ein Hund war keine Sache, die man zurückgab, wenn sie nicht der Norm entsprach. Das Einzige, was mich zweifeln ließ, war Ullas Argument, dass Fee in der Stadt – wenngleich wir am Stadtrand leben mit Parks, Elbe und Forstgebieten in der Nähe –, vielleicht nicht richtig aufgehoben war. Ob sie nicht ein glücklicheres Leben in einem Häuschen am Waldrand, ohne Straße und Verkehr führen würde? Da sie noch klein sei, sagte Ulla, stünden die Chancen nicht schlecht, einen guten neuen Platz für sie zu finden. Aber ich wollte Fee nicht mehr hergeben. Ich kannte sie ja noch nicht mal richtig, sie war gerade erst ein halbes Jahr alt.

Etwas anderes Seltsames passierte. Fee wuchs nicht. Mit gut sechs Monaten war ihr Wachstum quasi abgeschlossen. Sie war so klein, dass sie unter Sam hindurchlaufen konnte. Luden wir sie ins Auto, verschwand sie in den Tiefen des Kofferraums unseres extra für sie angeschafften Kombis. Sam machte es sich im geräumigen Heck schön gemütlich, Fee war so klein, dass sie nicht mal aus dem Fenster gucken konnte.

Geli riet mir, Fee untersuchen zu lassen. Sie sprach es nicht direkt aus, aber es klang, als würde sie nicht ausschließen, dass ein Hirntumor die Ursache für Fees ängstliches Verhaltens sein könnte und vielleicht auch der Grund für das ausbleibende Wachstum. Wir gingen zu einem Tierarzt, den Geli empfahl, er kontrollierte Fees Reflexe und zog dann eine junge Kollegin zurate, die gerade von der Tierärztlichen Hochschule Hannover kam.

Die junge Ärztin eröffnete uns ein ganzes Spektrum an möglichen körperlichen und neurologischen Defekten und den daraus resultierenden Behandlungsmethoden. Fee konnte quasi an allem erkrankt sein, vom Zeckenbiss bis zum Herzfehler, von einer Schilddrüsenunterfunktion bis zu Krebs. Aufschluss gäben ein MRT und eine Reihe von Untersuchungen, für die Fee stationär in der Klinik in Hannover hätte aufgenommen werden müssen. Die Ärztin umriss auch die Kosten, sie würden sich auf 2000 Euro belaufen. Aber all das sei keine Garantie dafür, dass die Ursache wirklich gefunden würde, weil ja nicht einmal sicher sei, ob das Verhalten wirklich organisch bedingt sei. »Oder«, sagte die Ärztin, »Sie warten erst mal das erste Jahr ab und schauen, wie sich der Hund entwickelt.« Wir beschlossen, Letzteres zu tun und den Gedanken an Tumore ganz schnell zu verdrängen.

Im Herbst, Fee war sieben Monate alt, bot Kerstin mir an, mit ihr zusammen ein Konfliktsituationen-Training zu machen, um Fee im Moment der Panik aus ihrer Angst zu holen. Wir verabredeten zwei Termine an zwei Orten: den S-Bahnhof in unserer Nähe, den Fee besonders gruselig fand, seit sie dort von einer Gruppe Harley-Fahrer erschreckt worden war, und ein Einkaufszentrum an einem Samstagnachmittag.

Kerstin kam zu uns nach Hause und packte ein blutiges Stück Fleisch auf den Küchentisch. »Wir werden ihr, wenn sie in Panik gerät, das Fleisch unter die Nase halten«, erklärte sie. »Der Geruch holt sie dann aus dem Wahn heraus, weil er ihre Instinkte anspricht und sie daran erinnert, was sie eigentlich ist: ein starker, souveräner Hund.« Ich hatte von der Methode noch nie gehört, aber da ich wusste, dass Kerstin eine gute Intuition dafür hatte, wie man Hunde mit ungewöhnlichen Problemlagen ansprechen konnte, vertraute ich ihr.

Gespannt gingen wir los, Richtung Bahnhof. Bald trafen wir den Briefträger auf seinem Fahrrad, an dem schwere dunkle Taschen hingen. Fee sah das Gefährt und verlor auf der Stelle die Nerven. Verzweifelt versuchte sie, sich aus dem Brustgeschirr herauszuwinden; ich hatte es angeschafft, nachdem es ihr zwei Mal gelungen war, sich auf der Straße tatsächlich aus dem Halsband zu befreien – nur das Glück, dass gerade kein Auto gekommen war, hatte ihr Leben gerettet.

Kerstin griff in ihre Tasche und holte das rohe Fleisch heraus, und tatsächlich: Der Geruch unterbrach den Panikschub. Überrascht schnüffelte Fee in Richtung Fleisch. Der Geruch triggerte ihr evolutionäres Gedächtnis und weckte, wenn nicht den Wolf, so doch das kleine Wolfskind in ihr. Ihr fiel wieder ein, was in ihren Genen steckt: ein wildes Tier, das sich auf keinen Fall von einem Briefträger einschüchtern lassen würde.

Den nächsten Stopp legten wir im Bahnhofsgebäude ein. Fees Rute war, wie stets angesichts der vorbeieilenden Menschen, ganz unter ihrem Körper verschwunden. Wieder holte Kerstin das Fleisch aus der Tasche, wieder erholte sich Fee. Es ging nicht darum, dass sie davon fraß – der Geruch reichte aus, um den Nebel in ihrem Kopf etwas zu klären.

Ich stellte mir vor, wie es wäre, künftig immer mit einem Schnitzel in der Tasche herumlaufen zu müssen. Nicht nur, weil ich Vegetarierin bin, begeisterte mich die Aussicht darauf mäßig, aber ich wäre auch dazu bereit gewesen. Ich hätte alles getan, um Fee zu helfen. Kerstin beruhigte mich und meinte, wenn der Zäsur-Reflex gut trainiert wäre, könnte ich es auch mit etwas anderem, stark Riechendem versuchen. Mit Harzer Käse zum Beispiel.

Ich habe danach tatsächlich ein gutes halbes Jahr das Haus nicht verlassen, ohne einen stinkenden Harzer Roller griffbereit zu haben. Die Methode funktionierte meist prima, manchmal aber, wenn der Angstimpuls zu stark war, konnte ich Fee auch damit nicht erreichen. Der Käse half, um sie abzulenken, aber er bekämpfte die Ursache nicht und stellte insofern nur einen Notnagel dar, keine Dauerlösung. Und wenn ich heute eine meiner alten Jacken in die Hand nehme, rieche ich den Harzer immer noch.

13.
WAS SIEHT DER HUND?

Unsere zweite Trainingsstation war das Einkaufszentrum. Gemeinsam mit Sam waren wir schon öfter dort gewesen, jetzt nahm ich Fee zum ersten Mal ohne seine Begleitung dorthin mit. Am schlimmsten waren für sie die Fahrstühle, also gingen wir mit ihr hinein, packten das Fleisch aus und fuhren von der Parkgarage in die Ladenpassage im Erdgeschoss.

Kerstin wollte sehen, ob Fee in der Lage wäre, an einem betriebsamen Ort wenigstens ansatzweise zu entspannen, wenn wir uns entspannten. Also setzten wir uns in ein Café auf der Plaza, und ich ging, um Kaffee und Kuchen zu bestellen.

Als ich zurückkam, saß Kerstin wie vom Donner gerührt da. »Ich glaube, ich weiß es jetzt«, sagte sie. »Ich weiß jetzt, weshalb ihr alles solche Angst macht. Kann es sein, dass sie nicht richtig gucken kann?«

Sie erzählte mir, dass, als ich fortgegangen war, Fee mir nicht hinterhergesehen hätte, wie es jeder normale Hund tun würde, wenn Frauchen sich entfernt, sondern zu Boden und dann in eine andere Richtung geschaut hätte. »Sie hatte keine Ahnung, wo sie dich suchen sollte. Weil sie nicht sehen konnte, wohin du gehst.«

Ich erschrak. Auf einmal ergab alles einen Sinn. Das Starren schon bei der Züchterin. Die Angst vor neuen Objekten in Gegenden, die sie eigentlich zu kennen meinte. Die Bell-Attacken, die sie neuerdings zeigte: Immer öfter passierte es, dass sie, wenn wir morgens im Halbdunkel unterwegs waren und sich eine Gestalt aus dem Schatten schälte, Fee bellend nach vorn ging. War sie nicht angeleint, umsprang sie die Person kläffend. Auch wenn Leute im Park von einem Seitenweg her auf uns zukamen, ging sie auf sie los. Ich hatte angefangen, sie deshalb ständig zurückzustellen, sie sollte gar nicht erst in die Lage versetzt werden, die Dinge vorn allein zu regeln, zumal Sam, wenn er dabei war, völlig unbeteiligt blieb. Es war die typische Flucht nach vorn eines unsicheren Hundes, aber Fee zeigte sie seltsamerweise nur bei Leuten, die für sie aus dem Nichts auftauchten.

»Wenn das so ist«, sagte Kerstin, »musst du sie führen wie einen blinden Hund, dann muss sie sich bei dir vollkommen sicher fühlen und du musst für sie jede Entscheidung treffen.«

Ich machte, so schnell es ging, einen Termin bei einem Experten für Hunde-Augenkrankheiten aus. Ich wusste durch einen Gentest, den die Züchterin im Welpenalter hatte machen lassen, bereits, dass Fee CEA hat, die Collie Eye Anomaly, eine bei Collies häufige, ererbte Erkrankung, die den Augenhintergrund betrifft. Die Folgen zeigen sich erst mit fortgeschrittenem Alter; das Sehvermögen ist dann eingeschränkt, aber in der Regel können Hunde das gut über die Nase ausgleichen. Jetzt, so früh im Leben, konnte die CEA Fee eigentlich nicht beeinträchtigen.

Der Augenarzt bestätigte den Befund CEA, konnte aber bei seiner Untersuchung keine weiteren Anomalitäten feststellen. Er hob Fee vom Untersuchungstisch, und während wir uns unterhielten, schaute er beiläufig Fee dabei zu, wie sie sich durch den Raum bewegte. »Haben Sie das gesehen?«, fragte er. »Während wir hier reden, hat sich der Hund gerade zwei Mal den Kopf gestoßen.«

Er erklärte mir seine Vermutung: Fee hatte ein Informationsverarbeitungsdefizit. Sie sah, aber sie konnte es nicht immer umsetzen, sie verstand es nicht. Ihr Gehirn konnte die Sinneswahrnehmung nicht in eine Information verwandeln. Offenbar war das nicht immer der Fall, sonst wäre Fee ständig orientierungslos. Aber in einigen Situationen kam das Problem zum Tragen.

Ich musste wieder an Ulla, die Züchterin denken, die erzählt hatte, wie intensiv Fee sie immer angeschaut hatte, und ich kannte diesen Blick ebenfalls genau, dieses Starren wie aus leeren Augen, so intensiv, dass man etwas Magisches dahinter vermutete. Dabei wartete Fee nur darauf, dass ihr Hirn ihr sagte, was sie sah.

Der Arzt erklärte mir, dass man kognitive Störungen dieser Art nur durch Konzentrations- und Merkfähigkeitstraining behandeln könne, und dass er schon erlebt habe, dass, je älter und souveräner die Hunde würden, das Phänomen immer seltener auftrete. Auf jeden Fall müsste ich Fee weiterhin so viel Sicherheit wie möglich geben.

Ich googelte »Konzentrationsspiele« und legte mir ein Repertoire zu: Trockenfutter in eine leere Plastikflasche füllen und den Hund so lange daran herumprobieren lassen, bis er eine Methode findet, die Brocken aus dem engen Hals zu bekommen; Futter unter Bechern verstecken und ihn sich merken lassen, unter welchem es liegt. Fee musste lernen, sich so gut zu fokussieren, dass sie andere Reize ausblenden konnte. Für die Straße hieß das, Fee nicht mehr abhärten oder ablenken zu wollen, sondern sie beherzt mit der »Ich weiß genau, was ich tue«-Haltung an der Leine mitzunehmen und ihre Panik zu ignorieren.

Für uns war die Diagnose eine Erleichterung. Ich konnte Fees Verhalten jetzt einordnen. Es brachte mich nicht mehr so aus der Fassung, wenn sie in Panik verfiel, und ich musste mir keine Gedanken mehr über frühhündische Fehlprägungen oder eigenes Versagen in der Welpenzeit machen. Doch die Diagnose bedeutete auch, dass Fee noch mehr Aufmerksamkeit brauchte. Und dass es noch schwieriger werden würde, Sam genauso viel zu beachten.

Tatsächlich trat nun erstmals so etwas wie Normalität ein. Auf unseren Spaziergängen spielten die Hunde ausgelassen miteinander oder jagten ihren Futterbeuteln hinterher, die wir nacheinander warfen; durfte der eine Hund suchen und apportieren, wartete der andere ab. Beide akzeptierten das, wenngleich Sam sich seine Wartezeit mit gelegentlichem Bellen verkürzte. Futterneid gab es bei beiden nicht, zu Hause fraßen sie zeitgleich, ohne dass es je Reibereien gab, wobei Sam stets als Erster an seinen Napf durfte, das war uns als Signal an Fee wichtig.

Draußen behielt Sam Fee immer genau im Blick. Er ließ es nicht zu, wenn sie mit anderen Hunden herumjagte; dann setzte er hinterher und trennte sie von den anderen. Er beanspruchte sie für sich, aber es war eine Machtdemonstration, aus der nichts folgte: Wir erlebten nie, dass er andere Rüden wegknurrte, um Fee zu verteidigen. Wenn Fee mit anderen spielte, behielten wir Sam meist bei uns, damit sie ihre Erfahrungen sammeln konnte.

Irgendwann kam Fee in die Pubertät, die bei ihr darin bestand, dass sie einmal nicht kam, als ich sie rief. Ich hatte das Pubertätsalter sorgenvoll erwartet, weil ich mich zu gut daran erinnerte, wie es Sam vollkommen umgekrempelt hatte. Bei Fee passierte eigentlich gar nichts. Sie war ein artiger Hund.

Das Seltsame war, dass sie mir, obwohl sie große Lust an Sport und Arbeit hatte und ich sie wegen des Sehdefizits so eng führte, wie ich es bei Sam nie getan hatte, trotzdem irgendwie fremd blieb. Bei Sam hatte ich sofort eine große Verbundenheit gespürt, ich verstand jede seiner Regungen, und er war, wahrscheinlich eine Rüden-Eigenschaft, einfach zu lesen.

Fees Seele blieb mir lange verschlossen. Ich wusste einfach nicht, wer sie war. Ich hatte so viel mit den äußeren Schichten zu tun, die sie umgaben, dass ich nicht in die Tiefe sehen konnte. Sam hatte es mir leicht gemacht. Er ist ein empathischer Hund, er reagiert sehr klar auf uns, sobald sich unsere Stimmung ändert. Wird es zwischen meinem Mann und mir mal laut, kommt er sofort und stellt sich mit Lassie-Blick zwischen uns, ich versichere ihm dann, dass wir uns nicht scheiden lassen, und dann müssen wir alle lachen. Bin ich traurig, kommt er zu mir und guckt mich fragend an. Ich erinnere mich, wie ich mal heulend auf dem Sofa lag, und Sam leckte mir die Tränen von den Wangen.

Fee hat dieses Spektrum nicht, bis heute nicht. Sie kann gut erkennen, was wir von ihr wollen, durch die viele gemeinsame Arbeit reagiert sie sehr sensibel und genau auf mich und meinen Mann, sie kann unsere Körpersprache präzise lesen. Aber sie ist nicht sicher in Gefühlsdingen, auch, weil in ihr selbst, nach wie vor, eine ständige Unruhe tobt.

Erst später habe ich verstanden, wie schwierig es für sie gewesen sein muss, in unserem angestammten Mensch-Sam-Gefüge ihren Platz zu finden. Sam, der Herzensbrecher, war blendend mit seinen Leuten eingespielt, und dann kam Fee, flattrig und verloren, auf den schwierigen zweiten Platz. Sie musste sich alle unsere Liebe erst einmal erkämpfen, und dabei immer mit Sam konkurrieren. Nicht nur, weil beide Hunde völlig unterschiedliche Charaktere haben, sondern auch, weil eine Bindung einfach intensiver wird, je länger sie dauert. Da war Sam klar im Vorteil. Diese Intensität war mit dem jüngsten Rudelmitglied einfach noch nicht da.

Dennoch hatte ich anfangs ein chronisch schlechtes Gewissen Fee gegenüber, ich fragte mich, warum ich sie nicht vom ersten Tag an fest in mein Herz schließen konnte. Vielleicht ist das eine der tückischsten Illusionen bei der Anschaffung eines Zweithundes: Man erwartet Liebe auf Knopfdruck, weil man glaubt, der zweite Hund bedeute die Verdopplung einer bestehenden, glücklichen Beziehung. Dabei hat es bei uns drei, vier Jahre gedauert, bis Fee und ich so gut und selbstverständlich miteinander umgehen konnten wie Sam und ich es damals bereits taten.

Und es funktionierte nur, weil Sam und Fee irgendwann tatsächlich beste Kumpel wurden. Hätte Sam dauerhaft weitergelitten, ich weiß nicht, was wir getan hätten, es wäre auf jeden Fall für alle Beteiligten eine schwer auszuhaltende Situation entstanden. Ich kenne Mehrhunde-Konstellationen, in denen gelingt die Integration nicht. Eine Bekannte erzählte mir, sie habe mit ihrer jetzigen Riesenschnauzer-Hündin erst dann eine echte Bindung aufbauen können, nachdem ihre alte Hündin gestorben war. Die

Hunde hatten sich nach einem ersten, harmonischen Jahr ständig angezickt. Als die junge Hündin schließlich allein mit ihrem Frauchen war, war sie bereits sechs, und die beiden holten alles nach.

Ich ging weiterhin mit Sam zum *Obedience*-Training, auch wenn ich mit ihm nicht mehr ganz so intensiv übte wie in der Zeit, in der er allein gewesen war. Am motiviertesten war er, wenn Fee nicht dabei war, wenn er wusste, dass ich mich uneingeschränkt um ihn kümmern würde. Nach längerer Pause fuhren wir nach Fees erstem Sommer auch wieder auf ein Turnier, das an der Ostsee stattfand. Sam war bester Stimmung, er genoss es, meine ungeteilte Aufmerksamkeit zu haben. Er lief die beste Prüfung, die er je gelaufen ist. Ich spürte, wie befreiend es für ihn war, mich wieder ganz für sich zu haben, und so sehr ich mich damals über unseren Sieg freute, so traurig machte mich auch, wie viel Energie ich ihm augenscheinlich durch den neuen Hund raubte.

Zum Glück war es eher eine subtile Konkurrenz; Sam ließ Fee nie spüren, dass er sie überflüssig fand, er machte das mit sich selbst ab. Im Alltag kamen die beiden gut miteinander aus, auch wenn eine Distanz zwischen ihnen blieb. Sie teilten nie die Decke, sie vermieden im Liegen Körperkontakt; selbst wenn wir »Rudelkuscheln« spielten und sich alle, Menschen und Hunde, auf dem Teppich balgten und danach einen Moment ausruhten, erschraken sie jedes Mal, wenn sie feststellten, dass sie sich im Überschwang eng nebeneinander gelegt hatten, und sprangen sofort auf.

Bei den funktionalen Dingen herrschte dagegen Einvernehmen. Sam schnüffelte Fees Fell fürsorglich nach Zecken ab und zeigte uns, indem er an einer bestimmten Stelle besonders intensiv roch, wo sich eine eingenistet hatte. Fee nahm den Service gern entgegen, manchmal leckte sie Sam dann anbiedernd die Lefzen, was er mit Grandezza über sich ergehen ließ.

Irgendwann begann er, Fees Ohren zu lecken. Dann leckte er die Ohren immer intensiver. Und dann stupste er mit der Nase an ihren Rücken. Und dann merkten auch wir, dass Fee läufig war.

14.
FRÄULEIN FEE

Hündinnen, die im Hundesport aktiv sind und viel auf Hundeplätzen arbeiten, werden sehr häufig kastriert, oft schon gleich nach der ersten Läufigkeit. Ich würde das nicht tun, ich glaube, dass eine Hündin ihre Läufigkeiten braucht, um sich zu entwickeln, zumindest habe ich das bei Fee so beobachtet. Sie ging in den ersten Jahren aus jeder etwas selbstbewusster hervor. Gerade für einen Angsthund wie sie sind solche Schübe essenziell.

Daher beschlossen wir, all das Ungemach, das die Blutung mit sich bringt, auf uns zu nehmen und sie nicht zu kastrieren. Tatsächlich wurde Fee von ihrer ersten Läufigkeit selbst überrumpelt. Sie war noch so sehr kleines Mädchen, dass sie sie nicht weiter beachtete und auch kein Verhalten zeigte, das ein Rüde irgendwie als Einladung hätte verstehen können.

Und doch krempelt es die Welt um, wenn man das Thema »läufige Hündin« aus der Perspektive einer Hündinnen-Besitzerin betrachtet: Das Geschlecht des eigenen Hundes bestimmt die Sicht auf die Läufigkeitsfrage stärker, als mir vorher bewusst war. Ich gebe zu, auch ich habe manchmal, in Sams schlimmsten Triebphasen, die Hundehalter verflucht, die mit ihren läufigen Hündinnen exakt dann auf den populärsten Freilaufflächen der Stadt aufkreuzten, wenn dort am meisten Betrieb war. Wie Magneten zogen sie alles hinter sich her, was sich irgendwie potent fühlte. Die Östrogenspur witterten die Hunde noch Tage später.

Ich dachte damals auch, dass so eine Hündin, besonders wenn

es auf die fruchtbarsten Tage zuginge, nicht unbedingt sonntagnachmittags über den Elbstrand schlendern müsse. Aber nun war ich es selbst, die eine läufige Hündin an der Leine führte, und nun sah ich, was für ein Stress es bedeutete, ständig einer Horde mit aufgeschäumtem Ego ausgestatteter Burschen ausweichen zu müssen.

Ich ging in den Randzeiten, morgens früh und abends spät, aber es ist dennoch unmöglich, Hundebegegnungen zu vermeiden. Es gibt Rüden, die sich nach kurz bekundetem Interesse leicht abrufen lassen, und viele Hundehalter nehmen, wenn ich ihnen zurufe, dass die Hündin läufig ist, ihren Hund an die Leine. Aber es gibt auch eine ganze Reihe unerschütterlicher Verehrer, die einfach dranbleiben, egal, was die Hündin, deren Frauchen oder der eigene Besitzer tun.

Ich habe, seit ich eine Hündin habe, praktisch alles erlebt: Rüden, die uns eine Stunde lang durch den Park verfolgten, während der Hundehalter es auf einer Bank wartend einfach geschehen ließ, weil er wusste, dass er sowieso keinen Einfluss auf seinen Hund hatte. Kleinhunde, die, weil Fee sie abwies, kompensatorisch mein Bein rammelten. Ich bin von Hundehaltern beschimpft worden, doch mal stehen zu bleiben, damit sie ihre Rüden greifen könnten; und ich bin beschimpft worden, doch weiterzugehen, sonst würde ich ihren Hund doch erst richtig heiß machen. Es ist unmöglich, sich in dieser Situation richtig zu verhalten.

Zeitweilig fühlt man sich, als führte man eine tickende Bio-Bombe spazieren. Im Hundewald kommen mir immer wieder Leute entgegen, die mich kopfschüttelnd warnen, da sei eine läufige Hündin unterwegs, die die ganze Gegend aufmische, unmöglich sei so was, verantwortungslos. Und wenn ich ihnen dann sage, dass das meine Hündin sei, die aber gar nichts aufmische, sondern artig angeleint neben mir herlaufe, meckern sie noch mehr, weil sie eigentlich keinen Grund mehr haben zu meckern.

Ich glaube, in dem ganzen Theater manifestiert sich eine Übertragung menschlicher Geschlechterklischees. Ähnlich wie Männern, die angeblich hundert Mal am Tag an Sex denken und denen man zugesteht, dass es einfach ihre Natur ist, immer zu wollen, gesteht man auch Rüden zu, sich aufdringlich zu verhalten, da sie, im Gegensatz zu weiblichen Tieren, nicht nur zwei, drei Wochen im Jahr, sondern an jedem einzelnen Tag hormongeflutet und sexbereit sind. Die Hündinnen dagegen sollen ihre hormonell bedingten Besonderheiten verstecken; und wenn sie sich doch läufig in der Öffentlichkeit zeigen, dann sind sie die kleinen Luder, die die Kerle scharf machen und es auch nicht besser verdient haben. Eigentlich reproduzieren die Menschen im Umgang mit der Sexualität ihrer Hunde die eigenen Stereotypen.

Manchmal gebe ich den Leuten zu bedenken, dass fruchtbare Tage ein zwingendes Muss zum Überleben einer Art seien. Meistens aber sage ich gar nichts und schaue nur freundlich. Denn natürlich kommt ein Teil der Wut vieler Hundehalter über die läufige Hündin auch daher – ich kenne das Gefühl nur zu gut –, dass sie ihnen vor Augen führt, dass sie in dieser Situation nicht in der Lage sind, ihren eigenen Hund abzurufen.

Wir waren gespannt zu sehen, wie Sam sich verhalten würde. Die Kastration war dreieinhalb Jahre her, seither hatte er nicht mehr sonderlich auf Hündinnen reagiert. Aber eine läufige Hündin im eigenen Haus, direkt vor seiner Nase, war natürlich etwas anderes.

Tatsächlich loderte in ihm noch ein Rest des alten Feuers. Er beschnüffelte Fee ausgiebig, grub seine Nase in ihr Fell, am häufigsten nach dem Fressen oder wenn wir sie gerade streichelten oder sie bei uns lag. Ich hatte gelesen, dass im Wolfsrudel nur das ranghöchste Tier decken darf, und deshalb beschlossen, Sam gegenüber Fee in solchen Momenten für mich zu beanspruchen. Ein, zwei Mal versuchte er, ungeachtet seiner Möglichkeiten, aufzureiten, ich packte ihn entschieden und zog ihn herunter, was er quiekend, aber ohne großen Widerstand hinnahm, dann kraulte ich Fee, um ihm zu zeigen, dass ich über sie bestimmte. Sam verstand und akzeptierte. Nachts trennten wir die beiden, weil wir nicht sicher waren, wie standfest Sam bliebe, wenn wir nicht dabei waren.

Nach der ersten Läufigkeit stellte ich fest, dass Fee ein bisschen gelassener geworden war. Die Panikattacken wurden seltener, übermannten sie aber nach wie vor manchmal. Ihre Neigung, Leute anzubellen, trat dabei immer deutlicher zutage. Und da sie nun bereits ein Jahr alt war, mischte sich in die Angstkläfferei auch ein ordentliches Maß an Draufgängertum.

Fee, würde ich heute sagen, besitzt eine sehr starke und eine sehr schwache Seite, und ihre mangelnde Ausgeglichenheit hat mit diesen widerstreitenden Energien in ihr zu tun.

Ihre Panikattacken verliefen mittlerweile so, dass eine Sekunde, nachdem der Auslöser vorüber war – das Motorrad vorbeigefahren, die Mülltonne passiert war –, sie sich wieder völlig normal und entspannt weiterbewegte. So, als wäre die Panik ein Ritual, und wenn es vollzogen war, konnte sie zur Tagesordnung übergehen.

Kerstin hatte mir geraten, Fee in der Erziehung nicht zu streng anzufassen. Ich sollte ihr, wenn sie begann, sich auszuprobieren, mehr durchgehen lassen als ich es bei einem anderen Hund getan hätte. Auf keinen Fall sollte ich sie zu stark reglementieren, sie sollte jedes Fitzelchen Selbstbewusstsein, das sie zu entwickeln in der Lage war, auch entwickeln können.

Ich fand das plausibel und nahm es mir zu Herzen. Aber es ist schwierig abzugrenzen, wo unerwünschtes Verhalten zur Persönlichkeitsbildung dazugehört und wo es einfach abgestellt werden muss. War die Tendenz, nach vorn zu laufen, nun wichtig, damit Fee mutiger und freier würde, oder sollte sie doch besser immer in meinem Dunstkreis bleiben, damit sie gar nicht in einen Konflikt käme? Pädagogisch gemeinte, aber falsch angewandte Nachsichtigkeit kann genauso viel Schaden anrichten wie ein Laisser-faire bei einem selbstbewussten Hund. Vor allem, wenn der Jagdtrieb ins Spiel kommt.

Mir war nicht entgangen, mit welch wachem Blick Fee bei unseren Spaziergängen das Gelände scannte. Ich hielt es für nichts Dramatisches, ich dachte, wenn Fee sich mit ihrer Umwelt auseinandersetze, dann sei das nur gut, dann gewinne sie Vertrauen in sie – und da ich ohnehin nicht nachvollziehen konnte, wie viel sie eigentlich sehen konnte, schob ich ihre Geländestudien auch auf ihr kognitives Defizit. Ich hatte keine Ahnung, dass Fee einfach nach einer schönen Jagdgelegenheit Ausschau hielt.

Geli hatte mich schon in der Welpengruppe darauf hingewiesen, dass Fee auf jeden Vogel und jedes Rascheln im Gebüsch reagierte. »Pass bloß auf«, hatte sie gesagt, »das musst du unbedingt unterbinden, sonst geht die jagen. Die soll nicht die Vögel toll finden, sondern dich!« Und ich dachte: Kann nicht sein, dass sie jagdliche Neigungen hat, sie ist ein Collie, Collies jagen nicht. Collies hüten. Dass Hüten eine Variante des Jagens ist, war mir damals nicht klar. Sam hatte – außer Katzen und Eichhörnchen – nie ernsthaft gejagt, und ich hatte mich deshalb nie mit dem Thema beschäftigt.

Als junger Hund war Sam ein paar Mal hinter Kaninchen hergelaufen, aber da er kein schneller Hund ist, hatte er mangels Erfolgserlebnissen bald davon abgelassen. Anders Fee. Sie war schnell, sie war klein und sie war wendig. Manchmal sprang sie lustig hüpfend über ein Feld, als würde sie mit allen vier Beinen zugleich vom Boden abfedern. Wir fanden das niedlich, verstanden aber nicht, dass sie in Wahrheit Mäuse jagte. Irgendwann erzählte mein Mann, sie habe eine Maus gefangen und totgebissen, mehr wie eine Anekdote.

Waren wir am Meer, jagte sie den Möwen hinterher, und wir ließen sie gewähren, weil wir dachten, es sind ja nur Möwen. Beobachtete sie vom Terrassenfenster aus, dass ein Eichhörnchen über den Rasen huschte, knallte sie, blind dem Impuls folgend, das Eichhörnchen zu erwischen, gegen die Scheibe. Ich hätte eingreifen müssen, aber dann sagte ich mir wieder: Ein Collie jagt nicht. Und ich dachte an Kerstin und ihren Satz, dass wir mit Fee nachsichtig sein sollten, damit sie sich selbst finden könne.

Zu dieser Selbstfindung gehörte auch, dass Fee zunehmend Sams Grenzen austestete. Immer öfter kam es vor, dass das Spiel der beiden in eine Machtklärung abglitt, wobei es immer Fee war, die ihre Rolle hinterfragte. Wenn wir die Rangeleien nicht unterbanden, endeten sie meist mit einem beleidigten Jaulen von Sam. Oft »sprachen« beide danach eine ganze Weile nicht miteinander. Sam drehte Fee den Hintern zu, manchmal wirkte er regelrecht verstört und weigerte sich, mit ihr im selben Raum zu sein. Es kam vor, dass er nicht mehr in den Garten ging, wenn Fee dort war, während Fee das alles einfach abschüttelte und keine Sekunde unglücklich darüber schien, ihren geliebten Mitbewohner vergrätzt zu haben.

Der Rekord des Nicht-miteinander-Sprechens liegt bei eineinhalb Wochen. Er folgte auf einen Vorfall im Garten; Sam und Fee tobten herum und balgten sich, als Sam plötzlich quiekte und ins Haus lief. Wir haben nicht gesehen, was genau passiert ist. Aber Sam rannte in den Flur, und dort blieb er. Dass sein Schlauchboot im Wohnzimmer lag, dass wir uns dort aufhielten, dass wir ihn lockten, ihm einen Kaustreifen in sein Hundebett legten, während Fee in ihrer Box bleiben musste – nichts stimmte ihn um. Er lugte manchmal traurig durch den Türspalt; sah er Fee, zog er sich wieder zurück. Selbst wenn sie nebeneinander an der Leine gehen mussten, versuchte er, maximalen Abstand zu halten.

Egal, wem wir von diesem Phänomen erzählten, wir trafen niemanden, der es kannte. Hunde fechten Machtstreitigkeiten in der Situation selbst aus, nachtragendes Verhalten ist eher ungewöhnlich. Ich glaube, Sam hatte einfach keine Lust mehr, sich von Fee schikanieren zu lassen. Fee hingegen strebte, ganz potente Hündin, nach dem Chefposten. Den räumte Sam ihr aber nicht ein, weil er mit sechs Jahren keineswegs vorhatte, sich unter Wert zu verkaufen. Und er ohnehin der sozial kompetentere und erfahrenere Hund war.

Die eineinhalb Wochen waren für uns eine Tortur. Aller Frust der ersten Monate – das schlechte Gewissen Sam gegenüber, der Zweifel, ob es wirklich eine gute Idee gewesen war, einen zweiten Hund zu uns zu nehmen – brach wieder auf.

Wir malten uns aus, was wäre, wenn es nie wieder normal zwischen den beiden würde, und dass wir schlimmstenfalls einen der beiden Hunde für eine Weile oder sogar für immer weggeben müssten. Ich geriet in eine regelrechte Verzweiflungsspirale. Wären die Rollen anders verteilt und Fee für eine Weile diejenige gewesen, die sich zurückgezogen hätte, hätte ich gedacht, sie suche einfach ihren Platz. Aber bei Sam passte diese Erklärung nicht.

Irre machte mich, dass mir mein Gefühl keine Antwort gab. Obwohl ich mich mit Sam sehr verbunden fühlte, konnte ich nicht ausloten, ob es ihm nur um den Affront im Garten ging oder er traurig und von der Situation überfordert war und gerade innerlich seinen Abschiedsbrief aus unserem Viererteam diktierte. Ich googelte »Depression bei Hunden« und las, dass Hunde bei hoher psychischer Belastung durchaus depressive Episoden erleben könnten. Der Rückzug aus dem täglichen Geschehen sei ein deutliches Zeichen dafür.

Eigentlich hatte Sam in den letzten Monaten zu seiner alten Lebensfreude zurückgefunden, er spielte sogar wieder »Decke« mit uns. Vielleicht war es auch ein körperliches Leiden, vielleicht hatte Fee ihn unglücklich erwischt und Sam hatte einen schmerzhaften blauen Fleck – nicht auf der Seele, sondern ganz einfach unter der Haut.

Dann versöhnten sie sich plötzlich wieder. So schnell und für uns ohne erkennbaren Grund, wie der Streit gekommen war, war er ausgestanden, und Sam zog wieder ins Wohnzimmer ein. Auch danach gab es immer mal wieder Phasen, in denen die beiden nicht miteinander »redeten« und Sam verstört wirkte. Sie hörten erst auf, als Fee etwa zwei Jahre alt war.

Es liegt auf der Hand, dass Hunde voneinander nicht nur die guten Dinge lernen. Gemeinsames Rüpeln etwa ist eine der unangenehmsten Dynamiken, die sich zwischen zwei Hunden entwickeln kann. Ich hatte immer schon mit Grauen daran gedacht, dass Sams territoriales Verhalten eines Tages zum Problem werden könnte. Gemeinsam loszupoltern bereitet Hunden den maximalen Spaß. Ich wusste das, und ich wusste, dass ich unbedingt entschieden eingreifen musste. Nur war mir das ja schon bei Sam allein nicht gelungen. Ich konnte seine Pöbeleien zwar mittlerweile unterbrechen, aber ich konnte nicht verhindern, dass er bei Feindkontakt Ohren und Rute aufstellte und seinen Gang versteifte, egal, wie entschieden ich ihm am Kragen rupfte, »Ich will das nicht« brüllte, ihn in die Seite stupste oder ihn am Laternenpfahl anband und einfach wegging. Das Verhalten war fest in seinem Repertoire verankert. Besonders heikel war das, weil beide Hunde lernen sollten, zusammen am Fahrrad zu laufen, an einem gemeinsamen Geschirr. Wenn Sam dabei loslegen würde, könnte Fee gar nicht anders als mitzuziehen.

Wir konnten nicht auf Dauer jeden Gassigang getrennt machen, also kam die Zeit, in der ich mit Fee und Sam gemeinsam an der Leine unsere Straße entlang musste. Sam reagierte wie immer auf seine Feinde. Fee blieb anfangs gelassen, aber sie beobachtete ihn genau. Sahen wir Kalle sich in der Ferne nähern, band ich Sam an einem Baum an, ging mit Fee auf Kalles Frauchen zu und blieb für einen Plausch stehen; Fee sollte lernen, dass auch unter den Hunden, die Sam verabscheute, freundliche Wesen waren, und ich dachte, Kontakt schaffe Sympathie.

Anfangs klappte das gut. Ich konnte mich mit Kalles Besitzern unterhalten, und Fee nahm keine weitere Notiz von ihm. Aber als Fee etwa eineinhalb war, begann sie, einen Seitenblick auf Sam zu werfen, sobald sich in unserer Straße ein Hund-Mensch-Gespann näherte. Es war ein kurzes Schauen, nur ein Bruchteil einer Sekunde. Zeigte Sam irgendeine körpersprachliche Reaktion, ging Fee in die Vollen. Ich hatte dann zwei Furien an der Leine und wusste nicht, wen ich zuerst maßregeln sollte.

Während Sam nur dort auslöste, wo er sich in seinem Revier glaubte, wurde Fees Macke, Menschen anzubellen, wenn sie nicht an der Leine ging, stetig schlimmer. Sie ließ sich zwar abrufen, aber natürlich fingen wir uns – völlig zu Recht – genervte Blicke von Spaziergängern ein. Fee reagierte nur auf Menschen; Hundebegegnungen verliefen mit ihr völlig unkompliziert, egal, welcher Typ, wie alt und wie aufdringlich.

In diesem Falle setzte zum Glück keine Übertragung in die andere Richtung ein. Sam, der Menschenfreund, fand Fees Aufregung im Freilauf nicht nachvollziehbar; er ignorierte sie und lief, wenn er jemanden sympathisch fand, trotzdem zu ihm und begrüßte ihn.

Ich versuchte es mit Unterordnung. Natürlich behebt Gehorsam kein Verhaltensproblem, aber ich hoffte, Fee könne lernen, eine für sie kritische Situation besser auszuhalten, wenn sie von mir eine klare Ansage bekäme. Zum Training gehörte, dass ich beide Hunde auf Waldspaziergängen am Gehweg ablegte und mich ein paar Meter entfernte. Fee sollte es in ihrem Platzkommando aushalten, dass Menschen vorbeigingen und Notiz von ihr nahmen. Weil sie inzwischen eine kleine Schönheit geworden war, mit seidig-blauem Fell, blieben häufig Leute, vorwiegend ältere Damen, stehen und bewunderten sie. Und während sie gerade entzückt »Was bist du für ein hübscher, artiger Hund« riefen, knurrte Fee sie an und zeigte ihren steilen Eckzahn.

Es gehörte inzwischen zu meiner kommunikativen Routine, mich auf jedem Spaziergang ein paar Dutzend Mal bei angebellten Leuten zu entschuldigen. Manchmal, an Tagen, an denen ich selbst nicht in bester Stimmung war, fehlte mir dazu die Kraft, oder die Scham war zu groß. Dann schlug ich einfach die Augen nieder und ging schnell weiter, was für Passanten so aussah, als sei es mir egal, was mein Kläffer mache. Ich hörte Sprüche wie: »Leinen Sie mal Ihren Hund an, wenn Sie ihn schon nicht im Griff haben«.

Schlimm war es bei Menschen, die wirklich Angst vor Hunden hatten. Bei ihnen löste Fee natürlich blanke Panik aus. Und obwohl ich sie immer zu mir rufen konnte und die meisten Leute, weil Fee klein und plüschig war, freundlich blieben, konnte es so nicht weitergehen.

Ich hörte mich um. Eine Freundin empfahl mir eine Hundetrainerin, die ein spezielles Seminar für Mehrhundbesitzer anbot: »Rudelharmonie«. Schon der Begriff faszinierte mich, weil er so vielversprechend klang, nach Gleichklang und Gemeinschaft, ganz anders als das »Rudeldurchwursteln«, das ich betrieb.

Tatsächlich ist es nicht so einfach, Trainer zu finden, die sich wirklich für die Dynamik zwischen zwei oder mehreren Hunden interessieren und auch erkennen können, inwieweit Probleme eines Hundes durch den anderen bedingt sind oder erst ausgelöst werden. Dabei ist genau das für jeden Mehrhundehalter wichtig, weil viele Schwierigkeiten, die für uns wie das spezielle Problem eines Hundes aussehen, in Wahrheit aus seiner Rolle in der Gruppe entstehen. Das zu verstehen hilft, uns als Menschen selbst klar als Rudelführer zu positionieren, als denjenigen, der die Hunde ordnet und anleitet.

Rudelharmonie hat allerdings nichts mit der Lehre der sogenannten Rudelstellung zu tun. Nach dieser kommt jeder Hund mit einer festen, unabänderlichen Disposition auf die Welt, die über seine Aufgaben und Fähigkeiten entscheidet. Dieses angeborene »Etwas« in seinen Genen soll den Hund mehr prägen als sein Charakter, seine Erfahrungen, seine Rasse, und ihn auf eine der sieben möglichen Stellungen im Rudel festlegen. Demzufolge sollten zwei Hunde, deren Stellung nicht zusammenpasst, auch nicht zusammenleben.

Ich habe von keinem Menschen mit Hundesachverstand je gehört, dass es so etwas wie ein Stellungsgen wirklich gibt. Ich finde diese Theorie schräg, zum einen, weil jeder wissenschaftliche Nachweis fehlt, zum anderen, weil sie keine Entwicklung in der Hund-Mensch-Beziehung vorsieht. Der Hund bekommt einen Stempel, und der Mensch ist befreit von jeder Verantwortung.

Die Grundidee der Rudelharmonie – seinen Hund im Rudel zu verstehen und dadurch besser mit ihm umgehen zu können – leuchtete mir dagegen sofort ein.

15.
RUDELHARMONIE

Die Trainerin kam aus dem Rheinland und tourte an fast jedem Wochenende des Jahres mit ihrem Team und ihrem eigenen Rudel im Wohnmobil durch die Republik, um in den Hundeschulen von Kiel bis Freiburg Workshops zur Hund-Mensch-Kommunikation abzuhalten. Schon in den Videos, die ich von ihr sah, teilte sich mit, dass sie eine kraftvolle, aber gewaltfreie Bestimmtheit in ihrer Körperhaltung und in der Art, wie sie sprach und gestikulierte, hatte, die Hunde dazu brachte, gern mit ihr zu kooperieren. Eine Freundin hatte ein Seminar zu einem anderen Thema bei ihr besucht und war nachhaltig begeistert. Sie erzählte mir, die Methode der Trainerin sei nahezu spirituell, weil sie mit der inneren Einstellung und der Energie arbeite, die wir an unsere Hunde aussenden.

Ich ergatterte einen Platz in einem der fast immer ausgebuchten Kurse in Norddeutschland. An einem warmem Wochenende im Mai, Fee war gut zwei Jahre alt, fuhren wir los.

Treffpunkt war das Vereinsheim eines Tennisclubs, der überraschenderweise keine Probleme mit gut zwei Dutzend Hunden in seinem Sitzungssaal hatte. Alle Teilnehmerinnen – es waren, wie immer bei Hundeseminaren, fast nur Frauen –, hatten sich um einen langen Holztisch versammelt. Was mir schon in der Vorstellungsrunde an Problemen, Emotionen, Verzagtheit bis schierer Verzweiflung entgegenschlug, ließ mein kleines Collie-Kläff-Problem albern aussehen. Für viele war das Seminar die letzte Hoffnung.

Während wir auf die Trainerin warteten, die draußen noch rauchte, sah ich mir die Teilnehmerinnen an. Einige sahen aus, als würden sie ganz und gar in hündischen Zusammenhängen leben und als sei Kleidung für sie das, was menschliche Eleganz für Hunde ist: irrelevant. Ich sah viele Cargo-Hosen, übergroße Westen, viel olive, fleck und tarn. Ich habe selbst erlebt, wie schnell man als Hundebesitzerin von schick auf praktisch umsteigt, aber innerhalb von »praktisch« gibt es eine Bandbreite, die da eher einseitig ausgelotet wurde. Andererseits: Wenn man ein halbes Dutzend große, oft schon ältere und damit Tierarztkosten-intensive Hunde besitzt, ist häufig einfach nicht mehr das Geld für den frischen Outdoor-Look da.

Mehrere Frauen hatten ihre Hunde aus dem Tierschutz; Hunde, die nicht hatten vermittelt werden können. Eine lebte mit vier Schäferhundmixen, zwei davon trugen Maulkorb. Eine andere hatte fünf Malteser, die sich gegenseitig mobbten. Dann waren da noch ein paar Kleinrudel wie wir: zwei Aussies, die sich nicht mochten, zwei Labradore, die nicht zu beruhigen waren. Und Fee und Sam mit ihren nervigen Angewohnheiten, die man ihnen allerdings im Moment nicht anmerkte. Die beiden dösten hinter meinem Stuhl und blieben, wenn irgendwo im Raum die Hundeemotionen hochkochten und eine Bell-Welle einsetzte, einfach liegen.

In der Vorstellungsrunde wurden wir nach unserem wichtigsten Ziel für das Wochenende gefragt. Fast alle wollten ihr Rudel hinterher sicherer führen können, mit und ohne Leine. Ich sagte, das wolle ich auch, aber vor allem wolle ich verstehen, wer Fee eigentlich sei. Die Trainerin machte sich eine Notiz und sah mich dann fragend an, ich erklärte, Fees Wesen sei für mich immer noch verschlüsselt, ich hätte kein klares Gefühl zu ihr, und infolgedessen auch nicht zu uns als Rudel. Die Trainerin nickte. »Gucken wir uns an«, sagte sie.

Dann erklärte sie, was sie und ihr Team in den vielen Jahren im Hundetraining beobachtet hätten: dass Hunde im Rudel bestimmte Rollen einnehmen, die nichts mit einem sogenannten Rang zu tun hätten, sondern mit ihrem Wesen und ihrer Ausstrahlung. Diese Rollen seien auch nicht lebenslang festgeschrieben und schon gar nicht Bestandteil ihrer DNA; ändere sich die Energie eines Hundes, könne er eine andere Rolle übernehmen, wenngleich solche Wechsel nicht häufig passierten.

Es gebe eine Handvoll Rollentypen: »Polizisten« zum Beispiel, Aufpasser, die der Gruppe bei Gefahr Bescheid sagen und zur Überreaktion neigen; »Führhunde«, kompetente Kerle, die selten Stress mit anderen Hunden haben und in der Lage sind, Teile des Rudels zu führen; »Schnösel«, Wichtigtuer, die ihren Platz im Leben noch nicht gefunden haben; »Teamplayer«, die die Aufträge in den Gruppen verteilen und eigene Entscheidungen treffen können, oft daran zu erkennen, dass sie Achten durch die Hundegruppe laufen und versuchen, die Hunde zu sortieren; »Schlusshunde«, die das Rudel nach hinten absichern und es ungern zulassen, dass noch jemand hinter ihnen läuft, und »Eminenzen«, souveräne, einschüchternde Typen, die überlegen schauen, selten knurren und eine hohe Individualdistanz haben. Zudem gebe es bei Polizisten und Führhunden noch eine Unterscheidung in vordere und hintere Hunde – was man meistens daran erkenne, wo ein Hund sich nach einem zweistündigen Spaziergang einordne.

Jeder der Anwesenden hoffte, keinen Polizisten und schon gar keinen Schnösel zu besitzen. Bei Fee allerdings war ich mir fast sicher, dass sich herausstellen würde, das sie ein Polizist sei: planlos nach vorn. Heimlich schielte ich auf Sam und überlegte, ob er eine Eminenz sein könnte. Wie ich dachten fast alle: Beinah jeder wünschte sich eine Eminenz im Rudel, einen coolen Boss. Die Trainerin kannte das schon. »Wünscht euch das nicht, Eminenzen zu führen ist eine extreme Herausforderung. Und sie sind sehr selten.«

Danach begann der Rudel-Check. Die Trainerin wollte sehen, was die Hunde tun, wenn sie nichts tun, wenn sie also mit ihrem Menschen auf eine Wiese gehen, dann abgeleint werden und ohne weiteren Auftrag herumlaufen. Sie wollte dabei herausfinden, wie wir unsere Hunde führten und wie sie auf uns reagierten, denn neben allen Hunderollen, das hatte sie erklärt, müsse eine auf jeden Fall klar definiert sein: die des Menschen als Rudelführer. »Macht euch klar, dass ihr, je mehr Hunde ihr habt, umso weniger tun könnt. Eure Aktionen sind beschränkt, ihr könnt unterwegs nicht so individuell auf jeden Hund eingehen wie mit einem allein. Je weniger ihr tun könnt, desto klarer muss eure Einstellung sein.«

Ich war als Erste dran. Also nahm ich Sam und Fee mit auf die Wiese, leinte ab – und beide machten vor mir Sitz, weil sie dachten, jetzt beginne ein Training. »Hier sehen wir zwei extrem konditionierte Hunde«, hörte ich die Trainerin vom Rand aus kommentieren. Bei Sam bildeten sich erste Speichelfäden in Erwartung eines Belohnungshappens. »Wahrscheinlich mit Futter statt durch Körpersprache zur Unterordnung erzogen.«

Wie peinlich. »Lauf«, zischte ich Fee und Sam möglichst leise mit minimaler Lippenbewegung an, während sie mir wechselweise ein Steh und ein Platz anboten, weil sie nicht verstanden, warum jetzt keine Übungseinheit erfolgte. Ich bewegte mich möglichst lässig von den Hunden weg, natürlich folgten sie mir arbeitsbereit in der Fußposition. »Geh mal runter von der Wiese und lass die Hunde allein«, rief die Trainerin, »ich will sehen, was sie tun, wenn sie auf sich gestellt sind.«

Die beiden liefen ein bisschen umher, schnüffelten hier und da. Sie drehten nicht besonders auf; noch einmal trat ich auf die Wiese, ging umher, die Hunde folgten mir, jetzt entspannter, Fee lief ein bisschen vor, ich rief sie, beide kamen.

Um die Wahrheit zu sagen, erkannte ich selbst nichts in diesem Verhalten. Aber die Trainerin beriet sich kurz mit ihrer Co-Trainerin, dann nickten beide und sagten: »Zwei hintere Führhunde.«

Zwei Hunde in derselben Rolle, erklärte mir die Trainerin später, ist für die Hunde relativ anstrengend. Hintere Führhunde müssen sehr sauber geführt werden, weil sie selbst Führungskompetenz mitbringen und bereit sind, sie auszuüben. Zugleich sind sie schmusige Gesellen und sie sind kooperativ, sie lassen sich korrigieren. Hat man zwei davon, muss man als Mensch auftreten wie der Teamplayer im Rudel: den Hunden Aufträge zuweisen, sie sortieren.

Ich wandte ein, dass Fee mir im Alltag nicht sonderlich führungsstark erschiene und sie zudem jede Gelegenheit nutze, um vor mir und eben nicht hinter mir zu laufen. »Weil der Platz hinten schon besetzt ist«, erklärte die Trainerin.

Das leuchtete mir ein. Als Fee dazugekommen war, hatte Sam bereits die Rolle inne, die auch ihre gewesen wäre, und so hatte sie sich einen anderen Platz gesucht, der aber ihrer eigentlichen Rolle nicht entsprach. Deshalb war sie in einem ständigen Konflikt. Aber weil sie jung war und sozial noch nicht sicher, ließ sie Sam seine Rolle und wich aus.

Vielleicht erklärte das die seltsamen Rangeleien zwischen den beiden, Fees frühe Versuche, Sam einzunorden. Auf jeden Fall erklärte es ihre Attacken auf Passanten, die Flucht nach vorn, denn es war im wahrsten Sinne des Wortes eine Flucht.

Nun kam es auf mich an. Ich sollte lernen, Sam und Fee so klar zu führen, dass sie sich beide mit gutem Gefühl hinter mir einordnen konnten. Dazu gehörte, Fees Vorwärtstendenzen zu unterbinden. Generell vertrat die Trainerin die Ansicht, dass, da alles Ungemach vorn stattfindet – jeder Krawall, jede problematische Begegnung, jedes jagdlich motivierte Stiftengehen –, der Hund im Rudel lernen muss, hinter der Hundeführerin zu gehen. Sie muss ihn nach vorn blockieren, damit er sich im Team einordnen kann. Klappt das gut, darf er dann, wenn die Hundeführerin ihm über ihre Körpersprache signalisiert, dass er frei laufen darf, auch vor ihr laufen.

Das Training begann mit dem Aussteigen aus dem Kofferraum. Natürlich streckten die Hunde mir, als ich die Klappe öffnete, ihre Köpfe entgegen. Da beide gelernt hatten, nicht ohne Erlaubnis aus dem Wagen zu springen, schauten sie nur neugierig; aber das war der Trainerin bereits zu viel Vorwärtsdrang. »Schubs sie zurück«, sagte sie, »bislang ist die sich öffnende Klappe für sie das Signal, dass jetzt Action folgt. Sie sollen aber ruhig abwarten, bis du die Klappe freigibst, und dafür müssen sie ihren Drang nach vorn zügeln.«

Ich schubste, Fee verkroch sich sofort in ihre Ecke, Sam brauchte ein paar Stubser mehr. Die Grundlage war gelegt.

Dann unterwies sie mich in ihre Methode der Bewegungseinschränkung. Sie setzte voraus, dass ich mich ganz mit der Rolle der Hundeführerin identifizierte: Brustbein aufgerichtet, klarer Blick nach vorn. Mit dieser Energie sollte ich arbeiten. Übertrat einer der Hunde die imaginäre rote Linie, wollte er also an mir vorbei und vor mir gehen, lud ich mich innerlich auf, wandte mich ihm zu und wies ihn mit einem Zischlaut und einer Hand, die sich vor ihm energisch öffnete, oder einem Schnipsen zurück nach hinten. Half das nichts, korrigierte ich ihn durch ein kurzes Rupfen am Fell, etwa auf Schulterhöhe, und versah das ebenfalls mit einem Zischlaut, der aber so entschieden gesetzt werden musste, dass sich in ihm meine ganze Entschlossenheit offenbarte, den Hund keinen Millimeter nach vorn zu lassen.

Für mich stellte diese Form der Lenkung eine Offenbarung dar, weil sie mir ermöglichte, Fee klar nach hinten zu stellen, ohne dass es konflikthaft war. Es war eine körpersprachliche Korrektur, ohne Leckerli und ohne Kommando, und ich fühlte mich damit schnell sehr sicher. Und ich spürte, dass auch Fee sich damit wohlfühlte, dass sie es nicht als Maßregelung empfand, sondern als Ansage, wie es gerade zu laufen hatte. Ich übte die Methode in den nächsten Wochen bei jedem Spaziergang, bald reichten ein angedeuteter Zischlaut und ein Schnipsen, und Fee blieb hinter meiner roten Linie, mit und ohne Leine. Ich benutze das noch heute, es ist mein bestes Tool, um Fee, die sich weiterhin gern nach vorn orientiert, einzufangen.

Für mich war es wie ein Durchatmen. Das beklemmende Gefühl, Fees Angst ausgeliefert zu sein, war weit weg. Es war immer mein Rudel-Idealbild gewesen, mich ohne Kommandos, Unterordnung, Maßregelung frei mit meinen Hunden bewegen zu können. Ich glaube, ich war stolz auf uns.

16.
DIE JAGD

Das Problem bei Hunden, die hinter einem gehen, ist, dass man nicht sieht, was sie da tun.

Es war ein Samstagvormittag, ich hatte zwei Stunden Dummy-Training im Wald hinter mir. Längst arbeitete meine Trainingsgruppe nicht mehr mit Futterbeuteln, sondern mit Beuteattrappen, die wie stramm gefüllte kleine Boxsäcke mit Nylon-Bezug aussehen, 500 Gramm schwer, und die Hunde trainierten in großen Suchgebieten. Wir übten mit akustischen Markierungen, bei denen der Hund nur hört, dass ein Dummy zu Boden fällt, aber nicht sieht, wo genau, und Schleppensuche, bei der der Hund über viele Hundert Meter einer über den Boden gezogenen Geruchsspur folgen muss. Wir benutzten Pfeifen, die einen entenartigen Laut von sich geben, um dem Hund zu suggerieren, dass es hier wirklich um was ging.

Das jagdliche Dummy-Training gilt generell als guter Jagdersatz, der Hund kann all seine Fähigkeiten und Instinkte einsetzen, lernt, in großer Distanz zu arbeiten und ist dennoch in ständigem Kontakt mit seinem Menschen. Für Sam war und ist das Training gute Unterhaltung, vor allem die freien Suchen in großem Gelände bereiten ihm bis heute höchstes Vergnügen.

Fee ging von Anfang an mit ganz anderem Elan an die Sache heran. Für sie war das Dummy-Training reine Triebabfuhr; fiepend und wimmernd vor Aufregung erwartete sie ihr Startkommando, dann tobte sie los, als wäre sie ein Labrador und geboren, halbtotes Wild aus den schlammigsten Winkeln des Waldes zu apportieren.

Zwei Wochen zuvor hatte mir mein Mann erzählt, dass Fee bei einem Spaziergang längere Zeit verschwunden gewesen sei. Es habe im Unterholz geraschelt, und Fee sei ohne zu zögern davongestoben und trotz Rufens mehrere Minuten – er sprach von bis zu zehn, aber genau lässt sich so etwas nicht sagen, denn Zeit dehnt sich, wenn man auf einem Waldweg steht und verzweifelt seinen Hund ruft –, verschwunden geblieben. Ich hatte ihn mit der Überlegenheit des »Ich-stelle-meinen-Hund-nur-mit-einem-Zischlaut-zurück«-Frauchens ein paar Vorwürfe gemacht, nicht intensiv genug auf die Signale zu achten, die Fee aussendet, wenn sie jagdliches Interesse entwickelt. Die hatte ich inzwischen gelernt: Gelände-Scan mit den Augen, hohe Nase, die eine Witterung aufnimmt, angewinkelte Vorderpfote.

Fee war zurückgekommen und hatte den Rest des Spaziergangs ohne Murren an der Leine absolviert. Wir beschlossen, einfach zu hoffen, dass das nicht noch einmal passieren würde.

Aber Fee hatte nichts vergessen. Das Adrenalin der jüngsten Jagd arbeitete noch in ihr, als ich an diesem Samstag nach dem Training mit meiner Gruppe noch eine kleine Runde im Wald drehte. Wir unterhielten uns, ich achtete nicht weiter auf die Hunde, die hinter mir liefen, bis ich mich doch einmal umdrehte und Fee nicht mehr da war. Sam stand ein paar Meter hinter mir und blickte sich suchend um und dann mich ratlos an. Ich rief. Nichts. Ich pfiff. Nichts. Die anderen riefen. Nichts. Fee war weg.

In mir stieg Panik auf, ich spürte sofort, diesmal war es ernst. Die anderen aus der Gruppe verteilten sich weiträumig im Wald, während ich einfach stehen blieb, weil ich dachte, Fee bräuchte einen Orientierungspunkt, wenn – falls – sie zurückkäme. Außerdem war Sam nicht dazu zu bewegen, die Stelle zu verlassen, an der sie verschwunden war. Anders als wir, die wir in munterer Unterhaltung auf nichts geachtet hatten, hatte er sehr wohl gesehen und verstanden, dass und in welcher Mission Fee davongerannt war, und er, ganz Hütehund, wollte nicht zulassen, dass das Rudel auseinanderfiel.

Ich stand da, rief und pfiff und hörte die anderen in der Ferne Fees Namen brüllen. In mir herrschte Chaos, ich beschimpfte mich innerlich aufs Ärgste selbst und bangte zugleich in wachsender Verzweiflung um meinen Hund. Das Waldgebiet lag nahe der Stadtgrenze, große Straßen führten daran vorbei, und da ich es noch nie erlebt hatte, dass Fee für eine so lange Zeit nicht zurückgekommen war, wenn ich sie rief, wusste ich, dass sie alle Alltagsmodi ausgestellt hatte und sich in einem absolut kopflosen Zustand befand.

Nach etwa einer Viertelstunde hörte ich in weiter Ferne einen hohen, seltsam jaulenden Laut. Wenn das Fee war, dann musste sie entweder verrückt geworden sein oder sie hatte sich verletzt. Auf jeden Fall war sie sehr weit weg.

Tatsächlich war das Geräusch, wie ich später lernte, ein gängiger Jagdlaut, ausgestoßen entweder, weil ein jagender Hund ein Stück Wild erblickt hat, oder weil ihm klar wird, dass er es nicht mehr erreichen kann.

Nach diesem Schrei dauerte es weitere fünf Minuten, bis sich Fees Gestalt schließlich aus dem Dunkel des Gehölzes schälte. Wie in Trance rannte sie in meine Richtung und dann direkt an mir vorbei, ohne irgendein Erkennen zu zeigen. Es war wie eine Szene aus »Friedhof der Kuscheltiere«: Das, was da aus dem Wald gekommen war, war nicht mehr mein Hund. Ihr Blick war irre, glühend und zugleich leer, Blut klebte an ihrem Fang, ob von einem Tier oder einer Verletzung, war nicht auszumachen. Sie rannte, aber ohne Ziel. Sie war erschöpft, vollkommen fertig, aber das auf höchstem Energieniveau. Alles an dem Hund bebte.

Nach einer weiteren Minute, in der sie ziellos umherrannte, schien Fee wieder etwas an Orientierung zu gewinnen, sie kam in meine Nähe und ließ sich von mir anleinen. Betroffen kehrten meine Dummy-Kolleginnen zu mir zurück, keine hatte so etwas bislang erlebt. Einen echten Rat wusste niemand, außer, den Hund kommentarlos zum Auto zu bringen und für den Rest des Tages zu ignorieren, was ich tat. Als ich Fee in den Kofferraum setzte, hechelte sie wie verrückt und starrte wie ein Junkie mit wirrem Blick an mir vorbei, immer noch gefangen in ihrem Rausch.

Manchmal passieren Dinge, von denen man denkt, dass die eigene kleine Welt danach nie wieder so wird, wie sie mal war. Dies war so ein Moment. Ich malte mir aus, dass ich ab jetzt nie wieder entspannt mit den Hunden spazieren gehen könnte. Ich würde sie nicht mehr einfach laufen lassen und meinen Gedanken nachgehen können. Ab jetzt müsste ich entweder immer mit der Schleppleine hantieren oder Fee in jeder Sekunde im Blick behalten. Ich liebte unsere Spaziergänge; sie waren mein Ausgleich zu jeder Büroarbeit, sie brachten meinen Tag in die Balance. Ich liebte es, die beiden Hunde frei herumlaufen zu lassen, wir hatten unsere Unterwegs-Routinen, ich versteckte ihre Dummys, wir machten kleine Übungen oder sie durften ihrem Spielzeug nachlaufen. Es ist bemerkenswert, wie sehr es einen erdet, mit Hunden unterwegs zu sein, wahrscheinlich, weil man als Mensch dabei eine andere Perspektive einnimmt, die Natur besser über ein Wesen fühlen kann, das sich unverkopft und unverkrampft in ihr bewegt.

Den Rest des Tages verbrachte Fee erst im Auto und dann auf ihrer Decke. Ich versuchte, sie nicht zu beachten und dabei auch nicht wütend zu sein, sondern einfach souverän, wie ein Boss, in dessen Team sich einer einen üblen Verstoß gegen die internen Vorschriften geleistet hat. Aber es gelang mir nur mäßig gut. Ich war zu aufgewühlt und frustriert. Meinem Mann wie mir war klar, dass uns das nie wieder passieren durfte, denn je öfter Fee Erfolg bei der Jagd hätte, desto stärker würde sie nach diesem Rausch süchtig.

Wir bestellten noch am selben Tag eine neonorangefarbene

Acht-Meter-Leine im Internet, ohne Schlaufen und in einem weichen Kunststoff, damit sie nicht überall hängen blieb. Daran würde sie von nun an für eine unabsehbar lange Zeit laufen. Wir mussten ihr Draußen-Leben komplett reglementieren, sie musste in jeder Sekunde spüren, dass sie keine eigenständigen Entscheidungen mehr treffen durfte.

Eine Schleppleine ist nicht einfach eine Sicherung, auf die man tritt, wenn sich der Hund davonmachen will; vielmehr muss der Hund spüren, dass nicht die Länge der Leine, sondern der Mensch, der am anderen Ende hängt, seine Bewegungsfreiheit bestimmt. Und man muss das Ding immer im Auge haben, weil sich der Hund damit andauernd in irgendwelchem Gestrüpp verfängt und sich dabei entweder halb stranguliert oder in Panik verfällt, weil er nicht mehr vorwärts kommt.

Ich habe »Schleppi«, wie wir die Leine bald nannten, um ihr in der Verniedlichung den Schrecken zu nehmen, gehasst. Sobald das Wetter feuchter wurde und wir durch Schlamm und Matsch liefen, waren innerhalb von Minuten Leine, Hände, Hose und Jacke vollkommen mit Dreckschlieren überzogen. Ich musste nach jedem Gang einmal komplett die Montur wechseln. Außerdem war das Unfallrisiko nicht unerheblich. Gerade für ältere Leute war Schleppi eine schlängelnde Gefahr; obwohl sie kreischend neonfarben war, übersahen sie sie häufig, und ich musste nicht nur Fee und das Getier im Wald im Blick behalten, sondern auch noch alle Passanten, damit sie sich nicht in die Leine wickelten und zu Fall kamen.

Um Sam kümmerten wir uns in dieser Zeit wenig. Er lief einfach mit, ließ das Gewese, das wir um Fee machten, geschehen, und genoss seinen Status als frei laufender Hund. Wieder dachten wir – und sagten es ihm auch – was für ein Geschenk er war: ein gutmütiger, geduldiger Bär mit einer Menge Toleranz für den umtriebigen Zweithund.

Fee arrangierte sich schneller mit der Leine als wir. Sie nahm es hin, dass ihr Bewegungsradius eingeschränkt wurde, aber das änderte nichts daran, dass sie in einer verführerischen Situation trotzdem den Ausbruch versuchte, etwa, wenn sie ein Kaninchen sah. Dann warf sie sich so in die Leine, dass wir bald vom Halsband auf ein Geschirr wechselten, damit sie sich nicht das Genick brach.

Schleppi half uns, Fees Körper unter Kontrolle zu halten, aber nicht ihren jagenden Geist. Obwohl wir beide Hunde viel beschäftigten, mit ihnen Fahrrad fuhren, spazieren liefen und sie auf dem Hundeplatz arbeiteten, war Fees Energie scheinbar unerschöpflich. Während Sam mit seinen sieben Jahren bereits etwas gemächlicher wurde, war Fee ein wild umherspringender Punk. Ihre Bellattacken hatten, seit ich sie konsequent mit meinem Zisch-Wunderlaut zurückstellte, deutlich abgenommen, aber ihre hohe Reizempfänglichkeit war nicht verschwunden. Zugleich entwickelte sie echte soziale Kompetenz. Als unkastrierte Hündin wurde sie sich mehr und mehr ihrer Stellung in Gruppen und im Hundekontakt bewusst. Sie maßregelte, wenn sie etwas nervte, aber sie tat es mit Augenmaß, auf eine sichere, einschätzbare Weise. Sie verwarnte mehrfach, zog dabei die Lefzen hoch, bis sie, wenn zum Beispiel ein nerviger Verehrer gar keine Ruhe gab, kurz in seine Richtung schnappte.

Bei Sam hatten wir uns lange mit den grundlegenden Themen der Hundeerziehung beschäftigen müssen. Alles, was wir bei ihm in den ersten Jahren falsch gemacht hatten, hatten wir bei Fee weitgehend problemlos hinbekommen. Sie hatte einen guten Grundgehorsam, sie konnte ruhig abwarten, bis sie an der Reihe war, sie hatte nicht den Drang, sich durchzusetzen, sie arbeitete mit meinem Mann und mir gleichermaßen freudig. Auch mein Mann hatte mit ihr die Begleithundeprüfung abgelegt, was die beiden in den langen Vorbereitungsmonaten zusammengeschweißt hatte. So sehr, dass ich manchmal den Eindruck hatte, Fee sei womöglich eher sein Hund als meiner. Er brachte ihr Tricks bei und kraulte sie hingebungsvoll, wenn sie sich vor uns auf den Rücken warf, etwas, was Sam nie getan hatte. Dass mein Mann ursprünglich eigentlich gar keinen zweiten Hund hatte haben wollen, war längst vergessen.

Ich musste an die Theorie denken, dass man sich als Paar mit zwei Hunden die Hunde unbewusst aufteilt – jeder hat einen, der ihm mehr entspricht. Tatsächlich fand ich vor allem anfangs meinen Mann mit Fee geduldiger und aufmerksamer, während mein Band zu Sam enger wurde, weil ich das Einvernehmen zwischen uns so genoss. Im Laufe der Jahre hat sich diese Aufteilung verloren. Die Rollen und das Nähegefühle durchmischten sich immer weiter, weil Fee sich immer besser in unser Rudel einfügte und Sam, je älter er wurde, uns anders brauchte als noch als junger Hund. Vielleicht finden Hunde aber auch für sich heraus, wie sie jedem ihrer Menschen begegnen müssen, um die maximale Aufmerksamkeit und Anerkennung zu bekommen. Ich weiß nicht, ob das je untersucht wurde, aber ich glaube, dass die Hunde klug genug sind, sich einen individualisierten Charme zuzulegen.

Generell scheint mir, dass Frauen eine andere, innigere Beziehung zu ihren Hunden haben als Männer. Hunde sind für sie weniger Kumpel und eher Sozialpartner. Ich denke, dass mein Mann, auch wenn er es nie so sagt, meine Nähe zu Sam genau so versteht: als etwas, zu dem er keinen Zugang hat, was für ihn aber auch in Ordnung ist. Weil er großzügig ist, lässt er uns einfach unsere gute Freundschaft haben, und wenn ich sage, dass Sam mein Seelenhund ist, dann weiß er, dass er mein Seelenmann ist.

Was wir bei Sam also erziehungsmäßig verbockt hatten, hatten wir bei Fee einigermaßen im Griff. Aber die Probleme, die wir bei ihr angehen mussten, waren insgesamt spezieller, sie lagen jenseits des kleinen Hunde-Abc. Wir hatten schon beim Umgang mit ihrer Angst und ihren eingeschränkten kognitiven Fähigkeiten von den Generalisten, die wir waren, umschalten und zu Experten werden müssen. Und jetzt standen wir wieder vor einem großen, neuen Thema: der Jagd.

Ich begann mich zu informieren, welche Jagd-Alternativen ich Fee bieten könnte, denn das Dummy-Training reichte augenscheinlich nicht aus oder befriedigte den Trieb nicht nachhaltig genug. Ein vitaler zweijähriger Hund hat unerschöpfliche Kraftreserven, nach ein paar Beuteattrappen-Apporten war Fee bei Weitem noch nicht müde.

Von einer Collie-Besitzerin (Leute, die dieselbe Rasse haben, kommen, wenn sie mit ihren Hunden unterwegs sind, immer miteinander ins Gespräch; ich glaube, ich kenne alle Collie-Leute im Umkreis von zehn Kilometern) hörte ich, dass sie mit ihrem vorherigen Hund – einem Bordercollie – Schafe hüten gegangen war. Sie riet mir, es mit Fee auszuprobieren, auch wenn sie kein Border war. Die Jagerei könne auf einen starken Hütetrieb hinweisen, sagte sie, womöglich sehne sich Fee nach einer Herde, die sie lenken und treiben könne. Das wäre dann ihre Erfüllung, Rehe und Kaninchen von dem Moment an zweitrangig.

Hüten – das ist der große Mythos in der Collie-Welt. Kaum einer kennt sich so richtig damit aus, aber die meisten sind begeistert, wenn sie an ihrem Hund einen Hauch Hütebegabung entdecken, weil diese den Collie adelt, ihn zurückführt zu dem, was eigentlich einmal seine Bestimmung war. Auch ich bin nicht frei davon. Ein Langhaarcollie mit Hütetemperament begeistert mich, weil es zeigt, wie viel ungeformter Trieb noch in dieser auf Plüsch und Mandelaugen gezüchteten Rasse steckt.

Also hörte ich mich nach einem Schäfer um, der Hunde ausbildet, und fand auch einen, der allerdings mehr als hundert Kilometer entfernt lebte. Um dem Nordsee-Ausflugsverkehr zu entgehen, vereinbarten wir zum Kennenlernen einen sehr frühen Termin an einem Sonntagmorgen, zu dem ich mich auf den Weg zu einer Schafskoppel an der dänischen Grenze machte.

Der Schäfer trug einen großen Hut und derbe Lederstiefel und hatte sein Handwerk in Australien gelernt. Er züchtete seltene Schafrassen und führte im Nebengeschäft eine Art Hüte-Hundeschule für Hunde aller Hüte- und Treibhundrassen. Seine Weiden lagen in der Nähe der Autobahn hinter einem Industriegebiet, was das Naturerlebnis ein wenig trübte.

Er erklärte mir, Hüten sei eine Technik, die eigentlich jeder Hütehund erlernen könne, zu viel Trieb sei dabei sogar hinderlich. Allerdings müsse der Hund ein natürliches Interesse an Schafen mitbringen. Er öffnete das Gatter, hinter dem etwa ein Dutzend Schafe friedlich herumstanden, und beobachtete, wie Fee auf die Tiere reagierte.

Ich würde sagen, sie reagierte gar nicht. Sie fand sie anscheinend zu groß und laut und ein bisschen gefährlich, jedenfalls machte sie keine Anstalten, irgendetwas mit ihnen anfangen zu wollen. Der Schäfer brachte Bewegung in seine Gruppe, ein Hund mit Ambitionen hätte spätestens jetzt die Ohren aufgestellt, aber Fee stand eher ratlos dabei. Ganz anders die Cattle Dogs des Schäfers, die am Gatter angebunden waren und aufgeregt bellten. Sie ertrugen es kaum mitanzusehen, wie ein anderer Hund eine derartig schöne Gelegenheit einfach vorbeiziehen ließ.

Beim zweiten Hütetermin lief es etwas besser, Fee verstand langsam, dass es darum ging, die Herde in Bewegung zu bringen, aber so richtig glücklich wirkte sie nicht dabei, sie war unsicher und zurückhaltend, heute würde ich sagen, ihr fehlte noch die Persönlichkeit, es mit den großen, wollenen Leibern aufzunehmen. Beim dritten Mal sagte der Schäfer, dass es mit ihr ein weiter, mühsamer Weg werde, ich solle mir genau überlegen, ob nicht eine andere Art der Auslastung ihr mehr liegen könne. Das war deutlich. Ich beendete Fees Hüte-Karriere, bevor sie begonnen hatte, und ließ den Mythos Mythos sein.

17.
SCHLEPPIS FLUCH

Da das Hüten nicht Fees Bestimmung war, ich aber immer noch dachte, dass in ihr etwas schlummerte, das ich nur zum Leben erwecken müsse, und sie würde ein ausgeglichener und charakterstarker Hund, hörte ich aufmerksam zu, als mir eine Bekannte vom Mantrailing erzählte. Ich wusste darüber nicht viel mehr, als dass der Hund dabei an einer langen Leine dem Geruch einer Person folgt, in jeder erdenklichen Geländeform, quer durch Wohngebiete und über Großstadtkreuzungen. Der Collie meiner Bekannten trailte bereits seit geraumer Zeit und legte erfolgreich Prüfungen ab.

Mir gefiel die Idee, weil ich fand, dass das Trailen nicht nur für den Hund eine sinnvolle Beschäftigung sei, sondern – anders als das Hüten, bei dem ich immer das Gefühl gehabt hatte, dass die Schafe von den Azubi-Hunden eher in Stress versetzt würden – auch einen gesellschaftlichen Nutzen habe. Hunde lernen beim Mantrailing, Menschen oder – was in der Praxis weitaus häufiger vorkommt – verloren gegangene Tiere aufzuspüren und retten ihnen womöglich das Leben. Außerdem, ergänzte meine Bekannte, sei es ein idealer Sport für ängstliche Hunde, weil die eigenständige Suche ihr Selbstbewusstsein stärke.

Sie lud mich zu einem Einführungstag ihrer Trail-Gruppe ein, und natürlich nahm ich an und fuhr neugierig hin. Das Prinzip war einfach: Fee roch an der Socke einer sogenannten VP, einer versteckten Person, und folgte deren Spur bis zu dem Baum oder Graben, hinter oder in dem sich diese verborgen hielt. Hatte Fee die VP gefunden, belohnte diese sie großzügig mit Futter und Spiel. Für Fee war gerade die Annäherung an die versteckte Person eine gute Übung zum Abbau ihrer Menschenscheu. Beim Trailen suchte sie aktiv nach ihnen; Menschen, die sich in gekrümmten Positionen versteckten und plötzlich am Wegesrand auftauchten, wurden so zu ihrem Triebziel, und das nahm ihnen den Schrecken.

Wir schlossen uns der nächstgelegenen Trail-Gruppe an, allerdings war deren Trainingsgelände vierzig Kilometer entfernt. Ich nahm die Fahrerei auf mich, da das Probetraining Fee wie mir gut gefallen hatte. Die Gruppe trainierte in einem Waldgebiet; jeder Hund kam genau ein Mal dran, die restliche Zeit verbrachte er wartend im Auto. »Das ist wichtig«, sagte die Trainerin, »damit die Hunde die neu gesammelten Informationen verarbeiten und sich die Synapsen im Hirn vernetzen können. Der Hund lernt, während er wartet.«

Gewartet wurde in dem Vierteljahr, in dem ich trailte, tatsächlich viel. Wir warteten ein bis zwei Stunden, bis wir an der Reihe waren, dann trailte Fee flott ihre Spur ab, und schon brachte ich sie wieder zurück ins Auto, damit sich dort ihre Synapsen vernetzen konnten. Ich hingegen verbrachte das Training meist wartend im Versteck. Ich war, da mein Hund noch Anfänger war und deshalb noch keine langen Trails ging, eine beliebte VP, weil ich immer verfügbar war. Die Leute, die mit mir trailten, waren alle sympathisch, aber auch etwas angestrengt, sie hatten allesamt den Ehrgeiz, mit ihren Hunden später in Trail-Staffeln zu gehen und Vermisste zu suchen. Dafür waren sie bereit, mehrmals die Woche drei bis vier Stunden auf Parkplätzen herumzustehen, Kaffee zu trinken und auf ihren Trainingseinsatz zu warten.

In mir hingegen, die ich ohnehin wegen meiner diversen Hundesportaktivitäten langsam in Zeitnot geriet, wuchs die Ungeduld. Ich erinnere mich an einen Freitagabend im Spätsommer. Ich saß hinter einem Baum auf einer Wurzel, vor mir eine Pferdekoppel, Fliegen umkreisten die Pferdeäpfel. Ich hatte ein Buch dabei, ich wusste mittlerweile, wie lang es dauern kann, bis einen ein Hund findet. Dunst stieg über der Pferdeweide auf, der Boden, auf dem ich hockte, wurde kühler, als die Sonne unterging. Wir bekamen an diesem Abend Gäste, und ich hatte noch nichts richtig vorbereitet, dabei war es die Sorte Gäste, bei der es unhöflich gewesen wäre, nach ihrem Eintreffen erst einmal ausgiebig in der Küche zu werkeln.

Der Hund fand mich nicht. Wir hatten keine Walkie-Talkies und auch keinen Handyempfang, ich konnte nicht fragen, was los sei. Ich hörte den Hund in der Ferne bellen, aber er kam einfach nicht näher. Eine halbe Stunde verging, eine Dreiviertelstunde. Ich merkte, wie ich fror, hungrig wurde, nicht mehr sitzen konnte. Die Seiten meines Buchs wellten sich angesichts der herankriechenden Feuchtigkeit. Sogar die Fliegen auf den Pferdeäpfeln gingen langsam schlafen. Ich spürte Wut in mir aufsteigen. Und je länger ich da saß, desto mächtiger wurde sie. Wut auf den Hund, der zu blöd war, meine Spur zu finden. Wut auf die Trainerin, die mich einfach dort hocken ließ. Wut auf die vierzig Kilometer, die ich danach gleich wieder fahren musste, quer durch die Stadt. Wut auf mich selbst, natürlich, weil ich dauernd irgendeiner Bestimmung in Fees Leben hinterherjagte und das auf Kosten meines eigenen. Wie hatte Kerstin damals gesagt? »Lektion eins: Geht einfach mal ins Kino.« Das hier war gerade das Gegenteil von »alle haben Spaß«. Das hier war einfach Bullshit.

Als der Hund mich endlich aufspürte, sagte ich der Trainerin, ich würde das nächste Mal nicht kommen, und danach hätte ich auch keine Zeit, und so endete Fees Trail-Karriere. Ich glaube, sie wäre gern dabei geblieben, es hatte ihr große Freude gemacht. Aber mir nicht. Wenn es eine Bestimmung für Fee gab, dann mussten wir sie im Fünf-Kilometer-Radius finden, irgendwo, wohin ich nach der Arbeit noch schnell konnte, und möglichst in einem klimatisierten Raum.

Noch immer lief Fee an der Schleppleine, allerdings war ich mir nicht sicher, ob mein Mann Schleppi bei Spaziergängen, bei denen ich nicht dabei war, genauso konsequent einsetzte wie ich. Ich hatte mir in den Kopf gesetzt, dass Fee, damit sie wirklich ihre Lehre aus ihrem Jagdexzess ziehen könne, jede Idee von Freiheit verlieren müsse, bis das letzte Tröpfchen Jagd-Adrenalin aus ihrem Körper gewichen sei. Zwei Wochen, heißt es, stehen Hunde nach einem ausgiebigen Jagdausflug noch unter direkter Hormonbeschallung, aber es dauert Monate, bis das Hochgefühl ganz ausgeschlichen ist. Sabotage in der eigenen Familie konnte ich da nicht gebrauchen.

Ich fand, dass Schleppi manchmal verdächtig sauber an ihrem Haken hing, obwohl es ein regnerischer Tag gewesen war. Mein Mann behauptete dann, er habe die Leine abgewischt, aber irgendwas an seinem Tonfall machte mich stutzig. Es kam zwischen uns deswegen immer öfter zu sich im Kreis drehenden Diskussionen, in denen ich ihm die Notwendigkeit der Schleppleine predigte, während er mir predigte, ich solle die Sache mal lockerer sehen. Schließlich habe Fee vorher gut gehört und tue es auch weiterhin. Was er, wie ich fand, nur wissen konnte, wenn er sie ohne Leine herumlaufen ließe, womit er eingestanden hätte, dass er die Schleppleine nicht konsequent benutze … und so weiter. Fee lag während solcher Debatten mit Unschuldsmiene unter dem Tisch, die Schnauze auf meinen Schuh gebettet, und träumte dabei von einem prächtigen Stück Rotwild.

Alles, was mit der Schleppleine zusammenhing, war unerfreulich. Der Schmutz, das dauernde Aufpassen, dass die Leute nicht darüber fielen. Mit Schleppleine war ein Spaziergang Arbeit. Ich war auch nicht in der Lage, in ihr eine »verlängerte Nabenschnur« zu sehen, wie ich es mal auf der Seite einer Hundetrainerin gelesen hatte. Im Gegenteil: Die Leine, und natürlich die Umstände, die zu ihrem Einsatz geführt hatten, hatten mich Fee eher entfremdet. Ich hatte einen Teil meines Vertrauens in sie verloren, und das Gefühl mochte ich nicht. Ich beschloss, das Jagdthema direkt anzugehen, bevor Fee ihr halbes Leben an diesem Band verbringen musste. Also musste ich wieder einen neuen Trainer suchen.

Seit sieben Jahren hatte ich nun Hunde und in der Zeit eine ganze Reihe von Trainern erlebt. Ich hatte Seminare bei Erziehungskoryphäen gemacht und Fach-Workshops bei Spezialisten in meinen Sportarten besucht. Langsam wusste ich, welche Herangehensweise ich annehmen und für mich umsetzen konnte und was für mich einfach nicht passte.

Vieles, was ich in der Theorie gut finde, hatte sich für mich in der Praxis nicht bewährt. Ich bin beispielsweise theoretisch ein großer Fan der Arbeit mit positiver Verstärkung, die ganz auf böse Worte oder körperliches Einwirken verzichtet. Der Hund lernt nur darüber, dass man ihm eine Situation noch schöner macht. Aber man muss dafür ein Profi ein, sehr genau in der Beobachtung und gut am Klicker. Ich kann Hunden auf diese Weise Tricks beibringen, aber gegen Sams territoriales Gestänkere hat es nicht geholfen; vielleicht war ich auch zu ungeduldig, die diversen Belohnungs-, Bestätigungs-, Leer- und Marker-Klick-Arten, die mich eher an nepalesische Zungenpulsdiagnose erinnerten als an eine konsequente Handhabe gegen Leinenwut, richtig zu lernen.

Ich liebe auch die Hundeprofi-Sendungen von Martin Rütter, aber den Futterbeutel, der bei seinen TV-Fällen oft die 180-Grad-Wende in der Mensch-Hund-Beziehung einläutet, apportieren meine Hunde seit Anbeginn ihrer Tage und trotzdem pöbeln und jagen sie. Ich finde, dass Martin Rütter ein sehr sympathischer Entertainer ist und dass er Hundebesitzer hervorragend lesen und typisieren kann. Er ist jemand, der bei einem Hausbesuch schon an der Tür erkennt, was in der Beziehung falsch läuft, weil er sich nur den Menschen anzuschauen braucht, der vor ihm steht; aber was er in seinen Sendungen vermittelt, ist Entertainment und als nachahmbarer Trainingsweg selten differenziert genug.

Ich glaube außerdem absolut an die Weisheit der Formel »Persönlichkeit statt Leckerli«, aber wenn ich Fee abpfeife, wenn sie gerade zum Sprint ansetzt, weil vor ihr ein Fasan hochgeht, dann kommt ein Stück Futter aus meiner Tasche, ganz unpädagogisch, einfach aus Freude, dass sie hört. Ich wäre gern eine dieser coolen Hundeleute, die mit drei tiefenentspannten Rottweilern durch den Wald streifen und alles über ihre Ausstrahlung regeln. Aber so bin ich nicht, schon vom Typ her nicht, mich kann man aus der Fassung bringen, und deshalb spüre ich gern die raue Oberfläche der Trockenfutter-Notfallration in meiner Tasche, einfach, weil mir das Sicherheit gibt.

Ich habe auch versucht, Fee mit Entspannungsaromen jagdmäßig herunterzufahren. Ich kenne viele Leute, die darauf schwören, eine *Obedience*-Kollegin beispielsweise erzählte mir, sie lasse ihre Hündin am Abend vor einem Wettkampf immer an ihrem Lieblingsöl riechen, und der Duft entspanne sie so nachhaltig, dass sie noch am nächsten Tag in dieser ausgeglichenen Stimmung an den Start gehe. Fee wandelte mehrere Wochen in einer minzöligen Wolke von »Peace and Calm«, das ich ihr aufs Fell strich. Frieden und Ruhe fand sie dadurch nicht, eher, dass sie komisch roch.

Bei einigen meiner Vereinskolleginnen auf dem Schäferhundeplatz erntete ich Spott, wenn ich erzählte, dass ich mal wieder auf einem Seminar gewesen war. Sie wollten dann wissen, was ich gelernt habe, und wenn ich sagte, »einen Zischlaut« oder »dass es an mir liegt, wenn der Hund Leute anbellt«, dann lachten sie und sagten: »Das hätten wir dir auch sagen können, ohne dass du 200 Euro dafür bezahlst.«

Aber für mich war jeder Kurs sein Geld wert, denn genau darin liegt der Unterschied: es gesagt zu bekommen oder es für sich selbst zu erarbeiten. Ein Ratschlag nützt nichts, er muss zur Erkenntnis werden, um ihn wirklich annehmen zu können. Man muss einen Nachmittag lang von einem Trainer auseinandergenommen werden, um hinterher den Antrieb zu haben, wirklich etwas zu verändern.

Auf der Suche nach Hilfe bei meinem Jagdproblem fiel mir Thea ein. Ich hatte sie bei einem Workshop kennengelernt, sie hatte eine mehrjährige Ausbildung bei einem der bekanntesten Hundetrainer Deutschlands gemacht und sich auf jagende Hunde spezialisiert. Ich wusste, dass sie nach einer Methode unterrichtete, die mir zusagte. Also rief ich sie an.

Thea hatte in ihrem früheren Leben mal als Model gearbeitet, und dieser Glanz, der ihr aufgrund ihrer Attraktivität anhaftete, stand im Kontrast zu ihrem beherzten Erziehungsstil. Sie trug keine Funktionswesten oder Cargohosen, sondern dezentes Make-up und einen Wollmantel, aber sie erreichte mehr als viele Trainer in klassischem Oliv.

Bevor wir überhaupt über die Jagerei sprachen, befragte sie mich eingehend, welche Gewohnheiten Fee zu Hause hatte. Denn: Damit der Hund lernte, sich an mir zu orientieren, was das Ziel des Trainings war, musste er kurzfristig um ein paar Privilegien gebracht werden, damit ihm wieder klar wurde, welche bedeutende Rolle ich in seinem Leben spielte. Ich nickte, das Muster kannte ich von Sams Drei-Wochen-Kur. 14 Tage lang sollte ich Fee von nun an sanft verunsichern: Sie eine halbe Stunde später als Sam füttern. Nicht zulassen, dass sie mir, was sie gern tat, folgte, wenn ich in die Küche ging. Ich sollte sie wie beiläufig mal zehn Minuten an einem Tischbein anbinden. Oder mit ihr auf den Hundeplatz fahren, aber dort nicht mit ihr üben. Keine schmerzlichen Dinge, nur Dinge, die sie verwundern und ihre Routine durcheinanderbringen würden.

Die Veränderungen waren nicht so radikal, wie sie damals bei Sam gewesen waren, aber sie reichten aus. Fee, die wie alle Hunde Wert auf ihren geordneten Alltag legte, war verblüfft. Sie reagierte nicht wie Sam – beleidigt, mit Rückzug –, sondern sie hörte, wenn das Futter nicht pünktlich kam, einfach nicht auf zu hoffen.

Band ich sie unvermittelt im Haus an, wartete sie geduldig ab, bis ich sie wieder laufen ließ.

Schwerer wogen für sie Zurückweisungen, etwa, wenn sie uns auf dem Weg zur Küche hinterherlief und wir sie auf ihre Decke schickten. Oder wenn wir aufstanden und weggingen, wenn sie sich, während wir Sam streichelten, dazwischenschob. Diese Art der Nichtbeachtung verstand sie nicht, sie setzte ihr spürbar zu.

In diesem Zustand verabredeten wir den zweiten Termin mit Thea, die uns nun in das »Ritual« einwies. Eigentlich ist es nicht so sehr viel anders als die Zisch-Wunderwaffe, aber es wird anders, tiefer verankert und prägt sich dem Hund daher nachhaltiger ein.

Das Training fand in einem öffentlichen Park statt. Fee sollte sich vor mich hinsetzen, ich leinte sie an ihrer normalen Leine an, hakte aber den Karabiner in einen anderen Ring ein, sodass die Leine kürzer wurde. Sie sollte spüren, dass etwas anders war als bei einem normalen Spaziergang. Dann gingen wir ein paar Schritte, und sobald sie auch nur kurz den Kopf zum Schnüffeln senkte oder ihren Blick umherschweifen ließ, gab ich einen kurzen, aber deutlichen horizontalen Leinenimpuls, machte auf dem Absatz kehrt und ging in die andere Richtung weiter. Nur zwei Mal korrigierte ich sie auf diese Weise, dann war Fee so beeindruckt, dass sie aufmerksam hinter mir herlief. Das »Ritual« endete damit, dass ich Fee zu mir rief, die Leine wieder auf die normale Länge brachte und sie dann kommentarlos, aber fest und freundlich streichelte.

Thea empfahl, das Ritual anfangs in meine normalen Spaziergänge einzubauen, in ruhiger Alltagsstimmung. Drei Wochen lang sollte ich niedrigschwellig üben, dann könnte mal ein Ball neben ihr rollen. Eine weitere Steigerung wäre es, wenn sie es aushielte, mit ihrer Aufmerksamkeit bei mir zu bleiben, während am Elbstrand Hunde um sie herumtobten. Oder, die Kür, wenn an der Straße ein Feind von vorn käme.

Die Fortschritte waren enorm. Fee wusste, dass sie ab dem Umhaken des Karabiners keinen Spielraum mehr hatte, und schaltete umgehend auf »folgsamer Hund« um. Es schien ihr keinen größeren Stress zu bereiten; sie hat die bemerkenswerte Fähigkeit, Dinge, die unabänderlich sind, einfach hinzunehmen.

Für das Straßentraining ging ich ohne Sam mit ihr, um jede Dynamik unter den Hunden zu vermeiden. Und tatsächlich: Als sie Kalle von Weitem sah, setzte sie kurz zum Pöbeln an, unterbrach sich aber selbst in einem Bruchteil einer Sekunde, als fiele ihr wieder ein, dass sie ja nun in einem anderen Film war. Ich musste nichts tun, brauchte keine Zischlautwaffe, nicht mal mehr einen Leinenimpuls.

Begeistert traf ich mich mit Thea, die uns lobte und vorschlug, jetzt die Freilauf-Variante anzugehen. Nachdem ich mit ihr ein paar Meter im Ritual gelaufen war, sollte sich Fee wieder vor mich setzen. Ich leinte sie ab, behielt aber die Leine in der Hand. Schweifte Fees Aufmerksamkeit danach zu den Dingen am Wegesrand oder lief sie einfach zu weit vor, warf ich die Leine nach ihr, nicht, um sie zu treffen, nur in ihre Nähe, um ihre Handlung zu unterbrechen. Dann hockte ich mich sofort hin, mit der Seite zu ihr gewandt, als eine Einladung, und rief sie heran. Wenn sie bei mir war, streichelte ich sie aufmerksam. Auf keinen Fall sollte sie das Vertrauen in mich verlieren, sie sollte spüren, dass alles in Ordnung war, sobald sie sich mir zuwandte.

Auch diesmal reichten zwei, drei Interventionen, und Fee hatte verstanden. Meinem Eindruck nach nicht, weil sie eingeschüchtert war oder die Leine ihr zugesetzt hatte, sondern weil sie begriff, dass ich gerade neue Spielregeln etablierte, denen sie einfach Folge leistete.

Wieder steigerten wir die Herausforderungen kontinuierlich. Erst legte Thea Futter auf dem Weg aus, und schon der Blick in die Richtung wurde sanktioniert. Dann flogen Bälle um sie herum, aber Fee hielt stand und blieb an meiner Seite. Ich hatte drei Trainingsstunden gehabt, und der Erfolg war umwerfend. Ich denke, es hat mit der langsamen Entwicklung von den häuslichen Veränderungen hin zur Einschränkung im Freilauf zu tun, die dem Hund Zeit lässt, die neuen Spielregeln zu verstehen und zu verinnerlichen, aber auch mit der Einfachheit der Methode und der klaren Energie, mit der das Ritual ausgeführt wird. Meine innere Haltung, darauf hatte Thea besonderen Wert gelegt, war entscheidend, ich lernte, das Ritual bestimmt und selbstbewusst auszuführen und meine Aufmerksamkeit ganz auf Fee zu konzentrieren.

Von da an benutzte ich die Schleppleine nicht mehr. Es reichte schon, wenn ich nur einmal den Karabiner umsteckte, und Fee wusste, dass sie ab jetzt ihre Sinne bei mir zu halten hatte. Mein Mann übernahm die Technik ebenfalls, und wir wandten sie auch bei Sam an, der zwar deutlich mehr Korrekturen brauchte, gerade, wenn die Herausforderung sehr hoch war, aber dann begriff auch er. Wenn ich heute mit beiden Hunden aus dem Haus gehe, dann genügt es, wenn ich einen ins Ritual nehme; der andere Hund ordnet sich sofort ein.

Natürlich ist das Ritual kein Zaubermittel, es setzt voraus, dass ich Fee in jeder Sekunde in meiner Wahrnehmung habe. Sie muss spüren, dass meine Sensoren auf sie gerichtet sind. Telefoniere ich während eines Spaziergangs oder lasse mich von Passanten im Gespräch ablenken, ist Fee weg. Es braucht keine fünf Sekunden, bis sie merkt, dass ich die innere Leine schleifen lasse. Dann greifen wieder ihre alten Muster. Ich habe mich daran gewöhnt, es ist wie ein zusätzlicher Kanal, den ich in meinem Hirn freigeschaltet habe, und auf dem funkt Fee. Ich glaube, es würde mir etwas fehlen, würde ich diese stumme Leitung eines Tages nicht mehr brauchen. Fee hat seither nie mehr einen längeren Jagdausflug unternommen, und mit jedem reibungslosen Spaziergang, bei jedem vorbeihoppelnden Kaninchen, bei dem Fee fest an meiner Seite bleibt, wächst mein Vertrauen in meinen kleinen Hund ein Stück.

18.
DIE HUNDE ZIEHEN UM

Fee war drei, Sam acht, als wir beschlossen, unser kleines altes Haus abzureißen und auf unserem Grundstück neu zu bauen. Unser Haus war niedlich, mit blauen Fensterläden und einem eingewachsenen Garten, früher war es einmal das Wochenendhaus eines Kapitäns gewesen. Jetzt drohte der Holzbalkon abzufallen, der Keller schimmelte seit Jahren vor sich hin und durch das Dach kam Regen herein, sodass wir im Schlafzimmer Eimer aufstellen mussten. Außerdem war das Haus gerade mal gut achtzig Quadratmeter groß und bestand eigentlich nur aus einem einzigen Raum plus einem Dachgeschoss, das so eng und niedrig war, dass die Vorbesitzer ihre Betten hintereinander aufgestellt hatten.

Für uns hieß das Umzug, für die Hunde die Aufgabe ihres angestammten Reviers. Ich hoffte, dass, wenn wir ein gutes halbes Jahr – wir hatten einen für seine schnelle Bauweise bekannten Bauträger ausgesucht – später wieder einziehen würden, die Hunde vergessen hätten, dass sie mal der Meinung gewesen waren, die Straße gehöre ihnen.

Die Wohnungssuche mit zwei Hunden, die nicht eben handtaschengroß sind, ist im innerstädtischen Bereich etwa so einfach wie eine abendliche Parkplatzsuche an der Reeperbahn. Es gibt einfach nichts. Gibt es doch was, stimmt damit etwas nicht: entweder die Wohnung kostet eine horrende Miete, oder sie liegt quasi auf den S-Bahn-Gleisen, oder der Mietvertrag sieht eine Mindestmietdauer von einem Jahr vor, oder Hunde sind verboten, oder sie sind erlaubt, aber nur, wenn nicht schon Hunde im Haus sind, was immer der Fall ist, oder der Vormieter fordert 5000 Euro Abstand für ein selbst gezimmertes Regal und eine abgewetzte Auslegeware, die man vor Einzug aus optischen wie hygienischen Gründen ohnehin entfernen würde.

Eigentlich hatten wir keine besonders hohen Ansprüche, aber da wir unseren Besitz nicht vollständig einlagern konnten, musste zumindest ein wenig Platz für Möbel vorhanden sein. Und die Wohnung musste im Erdgeschoss liegen, denn Sam litt noch an den Folgen eines Unfalls, der sich einige Wochen zuvor zugetragen hatte.

Es war beim Besuch einer Freundin passiert. Wir waren zusammen spazieren gewesen, danach hatte sie mir ihre neue Wohnung zeigen wollen, und die lag im zweiten Stock eines 60er-Jahre-Baus. Eine geflieste und sehr glatte Treppe führte hinauf, draußen war es feucht, und die Pfoten der Hunde waren entsprechend nass.

Merit ging mit ihrer Labradorhündin vor, die locker und ohne Leine die Stufen nahm. Was ich nicht sah: Die Treppe hatte zwar auf der linken Seite ein Geländer, auf der rechten aber war ein Spalt zur Außenwand, in die ein Fenster mit schmalem Fensterbrett und Topfpflanzen darauf eingelassen war.

Sam hasst Treppen. Obwohl ihn sonst so gut wie nichts erschüttert: Treppen sind sein Waterloo. Er kapituliert. Schon in der Welpengruppe war er der einzige Hund, der in der Unterrichtseinheit »Erkundung eines Einkaufszentrums« beim Treppentraining streikte. Geli hatte ihm damals Hackfleisch auf jede Stufe gelegt, aber Sam hatte sich, wimmernd vor unerfüllter Sehnsucht nach dem Mett, dennoch entschieden, nach jeder Stufe, die er nach gutem Zureden genommen hatte, wieder zwei herunterzulaufen.

Als erwachsener Hund bewältigte er zumindest kleinere Treppen. Waren sie aber eng oder steil oder machten sie womöglich einen Bogen, weigerte er sich entweder komplett, indem er jaulend vor der untersten Stufe herumtänzelte, oder er nahm mit dem Mut des Verzweifelten Anlauf und stürzte praktisch blindlings die Stufen hinauf. Ich hatte mir angewöhnt, ihn in solchen Situationen abzuleinen, weil er sich ohnehin nicht darum scherte, ob ich an seiner Leine hinter ihm herstolperte oder nicht. Sicherheit konnte ich ihm dabei ohnehin nicht geben, also ließ ich dem Schicksal seinen Lauf und hoffte einfach, dass er heil oben ankäme.

Natürlich war das ein Fehler, ich hätte ihm unbedingt beibringen müssen, nach zwei, drei Stufen innezuhalten. Aber das hatte ich nicht, und deshalb schoss er auch an diesem Nachmittag todesmutig die glatten Stufen hinauf.

Etwa auf halber Höhe rutschte er zur rechten Seite weg, und ich, die hinter ihm ging, sah nur noch, wie er kopfüber im Spalt zwischen Treppe und Wand verschwand. Erst hörte ich, wie er auf der Fensterbank zwei Meter unterhalb der Treppe aufschlug. Dann schepperte es, weil er beim Versuch, auf dem Fensterbrett Halt zu finden, die Topfpflanzen mit sich in die Tiefe riss. Schließlich prallte er eineinhalb Stockwerke tiefer im Keller auf dem Boden auf.

Ich glaube, mein Herz ist in diesem Augenblick für einen Moment stehen geblieben. Es war wie in einem Film; wäre traumatisch nicht ein Wort, das eigentlich Kriegen und sehr massiven psychischen Verletzungen vorbehalten ist, würde ich sagen, dieser Moment war genau so. Noch immer sehe ich den Sturz wie in Zeitlupe vor mir, sehe, wie Sam den Halt verliert, verzweifelt quiekt und mit den Beinen strampelt und dann fällt. Panisch rannte ich die Stufen hinunter in den Keller, erst konnte ich Sam nicht finden, er hatte sich in die hinterste Ecke verkrochen, und da lag er, stumm und seltsam verdreht.

Er versuchte aufzustehen, als er mich sah, und zu mir zu kommen, aber seine Hinterläufe brachen jedes Mal weg. Es war furchtbar, ich dachte, sein Rückgrat wäre gebrochen. Und ich war schuld, ich hatte nicht aufgepasst, ich hatte ihn nicht gesichert, ich hatte ihn einfach ohne Leine losrennen lassen.

Ich traute mich kaum, ihn zum Auto zu tragen, aus Angst, etwas kaputt zu machen. Hilflos nahm ich ihn trotzdem hoch, Sam ließ alles geschehen, er stand unter Schock und machte einen weggetretenen Eindruck. Meine Freundin nahm Fee, die wir unten am Eingang angebunden hatten, an der Leine und brachte sie zum Auto, dabei suchte sie die Adresse der nächsten Tierklinik heraus.

Als wir dort ankamen, war Sam bereits wieder in der Lage, ein paar Schritte zu gehen, auch wenn er hinten nach wie vor wegbrach. Die Untersuchung ergab, dass nichts gebrochen war; über innere Verletzungen konnten die Ärzte nichts sagen, sie erklärten, die größte Gefahr sei ein Riss in der Blase, ich solle beobachten, ob der Hund pinkele, das sei ein gutes Zeichen. Ansonsten konnten sie kaum helfen, sie gaben Sam Schmerzmittel und empfahlen, abzuwarten und ihn nach dem Wochenende ausgiebig untersuchen zu lassen. Sicher, sagte die Ärztin, habe er Prellungen und blaue Flecken, die schmerzten.

Sam hatte unglaubliches Glück. Es blieb kein sichtbarer Schaden zurück. Schon am nächsten Tag konnte er wieder langsam gehen, dann wurde es stetig besser. Wir haben nie herausgefunden, was genau bei dem Sturz verletzt wurde. Bei einem großen, älter werdenden Hund vermischen sich irgendwann die Symptome, manchmal geht Sam unrund oder er zieht eine Pfote nach, aber das kann auch eine Arthrose sein oder beginnender Muskelabbau.

Seither aber lässt er sich jede Treppe hinauftragen, was wir, aus Dankbarkeit darüber, dass die Sache mit dem Unfall halbwegs glimpflich ausgegangen ist, natürlich tun.

Für unsere Wohnungssuche allerdings bedeutete das, dass wir auf jeden Fall in eine Erdgeschosswohnung ziehen wollten. Sam mehrmals täglich ein paar Stockwerke hinauf- und hinunterzuschleppen war, auch wenn er mit seinen 22 Kilo ein Leichtgewicht war, ausgeschlossen.

Drei Wochen bevor die Abrissbirne kam und unser altes Haus niederwalzte, fanden wir ein Quartier. Teuer, ohne Küchenzeile, und so klein, dass die Umzugshelfer, nachdem sie alle Möbel und Kartons in der Wohnung abgestellt hatten, durchs Fenster aussteigen mussten, weil sie nicht mehr zur Tür durchkamen. Wir bauten alles so schön auf, wie es eben ging, aber es war doch so eng, dass Sam manchmal zwischen Couchtisch und Sofa stecken blieb.

Wir gewöhnten uns daran, dass wir aufgrund der Enge laufend über einen der herumliegenden Hunde steigen mussten, und die Hunde gewöhnten sich daran, dass sie nun in einer wuseligen Höhle sehr nah bei uns lebten, und es gefiel ihnen. Es war genau die Art von Nähe und Unordnung, die sie mochten, und vor allem Sam lernte schnell, die vorhandenen Sicherheitslücken zu erkennen und für sich zu nutzen.

Die der Küche beispielsweise. Sie war so klein, dass ich aufgrund der fehlenden Arbeitsfläche gelegentlich Dinge auf einem der Küchenstühle abstellte. Sam hatte selbstverständlich im Blick, dass Nahrungsmittel, die auf dem Stuhl standen, sich für ihn in optimaler Fresshöhe befanden, womöglich hielt er sie sogar für ein Angebot meinerseits.

Es war ein Sonntagnachmittag, ich hatte gerade nach einem Rezept aus einer Zeitschrift einen griechischen Nudelsalat zubereitet, mit saftigen roten Zwiebeln, frischen Tomaten, Oliven. Ich war fast fertig, als das Telefon klingelte, also stellte ich den Salat kurz auf dem Küchenstuhl ab und ging ins Wohnzimmer. Ich telefonierte vielleicht zehn Minuten, als mir auffiel, dass es seltsam ruhig in der Wohnung war, anders ruhig, als wenn zwei Hunde vor sich hin dösen, eher angespannt still. Ich konnte Fee sehen, sie stand mit einem seltsam unschlüssigen Gesichtsausdruck an der Küchentür, so, als würde sie gerade sehr gern etwas tun, aber noch Risiko und Nutzen abwägen. Dann hörte ich ein Schmatzen, sah mich nach Sam um, entdeckte ihn nirgends und wusste, was los war.

Er hing mit dem Collie-Rüssel über der Nudelsalatschüssel, die ich ihm auf dem Stuhl bequem in Stehhöhe serviert hatte, und hatte sie bereits zu zwei Dritteln geleert. Fee stand abseits und sah fasziniert zu.

Ich riss Sams Nase aus der Schüssel, brüllte irgendwas, er schleckte sich nur zufrieden das Dressing vom Bart. Ich wusste, dass Zwiebeln und Tomaten für Hunde giftig sind, hatte aber keine Ahnung, in welchen Mengen und wie viel davon er tatsächlich gefressen hatte. Er würde sich übergeben müssen, und da ich nichts im Haus hatte, um das einzuleiten, mussten Profis ran. Den Weg zur Tierklinik hatte ich noch im Navi eingespeichert, ich schnappte mir das Rezept, die Hunde, holte meinen Mann an der Baustelle ab und wir fuhren los.

Die Frau am Empfang der Klinik schaute lange auf das Rezept und sagte dann: »Eigentlich ganz lecker.« Dann besprach sie mit den Ärzten, ob eine Magenleerung notwendig wäre, und die befanden die gefressene Menge an toxischen Stoffen für grenzwertig. Wir wollten kein Risiko eingehen, schließlich ging es um den Collie-Gott, und entschieden uns für den Brechmitteleinsatz.

Die Helferin brachte uns in einen bis auf zwei Stühle unmöblierten Untersuchungsraum, legte den Boden mit Zeitungspapier aus, dann gab sie Sam ein Mittel und dazu einen Napf Nassfutter, den er, überrascht, dass er statt einer Strafe für seine illegale Fresserei weiteres Futter bekam, und, trotz der Kugel Salat in seinem Bauch, erfreut verschlang.

Nach zehn Minuten setzte das Brechen ein. Sam verdrehte die Augen, würgte, dann übergab er sich, wieder und wieder, auf die Zeitung und daneben. Er torkelte durch den Raum, von Magenkrämpfen geschüttelt, aber echtes Mitleid konnte ich in diesem Fall nicht aufbringen. Es war Wochenende, wir hatten lecker essen und dann bequem zwischen den vielen Möbeln in unserem

Wohnzimmer hindurch zum Fernseher schauen wollen, stattdessen saßen wir in einem gekachelten Brech-Zimmer und sahen zu, wie uns unser Hund unser Abendessen vor die Füße spuckte. In einem erstaunlich unverdauten Zustand im Übrigen, ganze Oliven kullerten über den Boden, dazu Schnittlauchröllchen und Zwiebelringe.

Nach einer halben Stunde kam die Helferin zurück, schaute auf den Salat und sagte: »Wirklich, ein gutes Rezept.« Wir hangelten uns zwischen den Nudel-Häufchen in Richtung Tür, zahlten den Wochenend-Brechmitteleinsatz-Notfalltarif von 250 Euro, die Frau am Empfang fragte, ob sie das Rezept für sich kopieren dürfe. Dann setzten wir den noch schwankenden Hund in den Kofferraum, wo er sich auf der Stelle erst auf die Rücksitzlehne und dann auf Fee übergab.

Als wir endlich zu Hause waren, blieb er ermattet an der Eingangstür liegen, während ich die Reste des Salats entsorgte und mein Mann zum nächsten Imbiss fuhr.

Nach ein paar Wochen war das Leben in der kleinen, voll gestellten Wohnung Normalität geworden. Ich stellte nichts mehr auf dem Küchenstuhl ab, die Hunde hatten begonnen, den Gehweg vor dem Haus als den ihrigen zu annektieren, aber bevor sie in ihrem neuen Territorium richtig loslegen konnten, war der Neubau fertig und wir zogen schon wieder zurück. Den Nachbarn im Haus hatten wir nicht gesagt, dass wir nur übergangsweise dort wohnen würden. Als wir uns nun von ihnen verabschiedeten, nickten sie verständnisvoll und gestanden ein, dass sie sich ohnehin nicht hatten vorstellen können, wie wir zu viert auf so kleinem Raum zurechtgekommen waren.

Es dauerte mehrere Wochen, bis die Hunde akzeptierten, dass das anarchische Höhlen-Gewusel nun vorüber war und wir uns rein räumlich wieder auseinanderentwickelten. Sam vermisste uns am meisten. In der Wohnung hatte er jede Nacht vor meinem Bett geschlafen – Fee in ihrer Box im Wohnzimmer –, was im alten Haus nicht möglich gewesen war, weil unser Schafzimmer im Obergeschoss gelegen hatte. Im Übergangsquartier aber hatte er bei mir liegen dürfen, schon allein, weil wir aufgrund der Enge die Schlafzimmertür nicht richtig schließen konnten.

Im neuen Haus lag unser Schlafzimmer wieder, wie früher, im Obergeschoss, in das Sam aufgrund der Treppe nicht gelangen konnte und in das Fee, weil wir es ihr nie ausdrücklich erlaubt hatten, nie hinaufstieg – außer sie hatte Durchfall und musste uns nachts wecken. Jeden Abend, wenn wir zu Bett gingen, lag Sam nun mit waidwundem Blick an der untersten Stufe und sah uns nach, und morgens lag er noch genauso da, als habe er die ganze Nacht gewartet. Natürlich machte es mir etwas aus, aber ich wusste auch, dass er sich abfinden und es sich bald wieder im Wohnzimmer gemütlich machen würde. Fee dagegen zog einfach wieder in ihre Box, so als wäre nie etwas gewesen.

19.
SCHÖNER WOHNEN MIT SCHLAUCHBOOT

Schneller als an die veränderten Gegebenheiten im Haus gewöhnten sich die Hunde ans altvertraute Terrain. Es dauerte etwa eine Woche, dann hatten Fee und Sam ihre Gewohnheiten wieder aufgenommen. Kalle wurde verbellt, wenn ich nicht rechtzeitig den Ritual-Leinenimpuls gab. Seine Besitzer lächelten freundlich-gequält, als sie uns zum Einzug gratulierten.

Weil wir gedanklich vor allem um Bauvorschriften, Fugenfarbe und Abwasserschächte gekreist waren, standen wir dem Einrichtungsproblem relativ unvorbereitet gegenüber. Jetzt stellten wir fest, dass etwa achtzig Prozent aller Möbel, die wir besaßen, neben den frisch gestrichenen Wänden und auf dem noch unzerkratzten Parkett irgendwie schäbig und unmodern wirkten.

Neue Möbel kann man natürlich kaufen; richtig schwierig wird es, wenn man Hundebetten in frisch gemachte Räume integrieren will, sodass sie nicht wie die Belege mangelnder Einrichtungsdisziplin wirken. Sam schlief nach wie vor in seinem Schlauchboot, Fee nächtigte in ihrer Box, die grün und groß war und optisch an ein Zelt erinnerte. Dazu kam eine Hundematte, deren Fleckigkeit durch die Sauberkeit des neuen Holzes noch betont wurde.

In bewohnten Räumen, in denen nach und nach eins zum anderen kommt, versendet sich weniger elegantes Hundezubehör, das Auge gewöhnt sich und nimmt es bald als gegeben hin. Hier aber lagen Schlauchboot, Box und Fleckenmatte herum wie Maulwurfshügel auf englischem Rasen.

In den ersten Monaten räumten wir das Wohnzimmer gefühlte fünfzig Mal um. Wir versteckten Fees Box hinter einem Schrank, aber der stand dann so prominent da, dass er mehr auffiel als das, was er verdecken sollte. Wir ließen bei einem Tischler eine Konstruktion entwerfen, in der Box und Schlauchboot in ein Bank-Regal-Ensemble integriert wurden, das aber in seiner Gesamtheit so sperrig war, dass es uns nicht genug Platz für unsere Sitzmöbel ließ. Wir beschlossen, dass Fee dann eben nicht mehr in einer Box schlafen könne, räumliche Schönheit ginge vor Gewohnheitsrecht, aber wir knickten schnell ein, weil Fee jeden Abend ihre Box suchte und sich dann unglücklich seufzend auf der Fleckendecke niederließ und uns anstarrte.

Zu guter Letzt fragten wir uns, was wir eigentlich wollten: gestylt leben oder mit Hunden. Wir betrachteten die Schmutzspritzer auf der Wandfarbe im Flur, dort, wo sich die Hunde nach dem Hereinkommen immer schütteln. Wir betrachteten selbstkritisch den Korb mit Spielzeug und Gassibeuteln neben der Garderobe, nicht eben ein Design-Coup. Wir blickten auf die Wäscheleine mit den schmutzigen Hundehandtüchern im Abstellraum, es war zwar nur der Abstellraum, aber auch der hatte vor Kurzem noch weiße Wände gehabt. Praktisch und schön, das geht nicht. Es dauerte ein halbes Jahr, dann hatten wir unseren Frieden damit gemacht, dass das Erste, was einem ins Auge springt, wenn man unser Wohnzimmer betritt, ein Schlauchboot ist.

Allerdings ergab sich aus dem Umstand, dass wir ohne Keller gebaut hatten – weil mich Keller an Grabkammern erinnern – ein weiteres Problem: Uns fehlte Stauraum. Mein Mann machte das vor allem an dem knappen Dutzend leerer Senf- und Mayonnaise-Eimer fest, die wir nahezu täglich im schmalen Abstellraum unter der Treppe von A nach B räumten, weil sie immer irgendwie im Weg waren.

Die Eimer sind Teil meines umfangreichen ZOS-Equipments, das ich mir im Laufe der Jahre zugelegt habe. ZOS steht für Ziel-

Objekt-Suche, eine Sportart, bei der der Hund einen versteckten Gegenstand von der Größe eines Feuerzeugs finden und anzeigen muss, indem er sich davor ablegt und die Nase daran hält. ZOS kommt aus der Polizeihundearbeit, ähnlich wie Drogenhunde am Flughafen Koffer und Reisetaschen nach Sprengstoff oder Rauschmitteln absuchen, suchen ZOS-Hunde sogenannte »Päckchen« ab – Behälter mit kleinen Löchern, hinter denen der Suchgegenstand in einer eingebauten Kammer verborgen ist. Die Hunde müssen Päckchen für Päckchen umrunden und jedes Loch kontrollieren. Hinzu kommen im ZOS zwei weitere Disziplinen, die der Rettungshundearbeit nachempfunden sind: Die Hunde suchen ihren Gegenstand auf einer 200 Quadratmeter großen, möglichst dicht bewachsenen Wiese oder, Variante zwei, in einem Feld voller Trümmerteile, ähnlich einem Haus nach einem Erdbeben.

Ich hatte mit dem ZOS im Trümmerfeld begonnen, als Fee eineinhalb Jahre alt war, denn Trümmerfeld heißt auch: über Gitterroste zu laufen, in Reifen zu steigen, auf Tische zu springen, auf wacklige Dinge zu treten, kurz, in einer Welt unterwegs zu sein, in der so viel los ist, dass man gar nicht dazu kommt, sich vor irgendwas zu gruseln. Ideal für einen Angsthund. Ein »Trümmerfeld« anzubieten heißt allerdings auch, Trümmer zu horten; allen möglichen Krempel wie alte Kinderwagen, Koffer, Wannen, Gehwegplatten, Bretter, Bücher, Decken, Stofftiere, um für den Hund ein abwechslungsreiches Suchfeld arrangieren zu können. Seitdem ich »zosse«, gehe ich mit einem anderem Blick durch die Welt, Sperrmüllhaufen am Straßenrand sind für mich Verheißungen, die ich nach raffinierten Versteckmöglichkeiten scanne, und Bauschuttcontainer würde ich am liebsten auf unserer Terrasse entleeren.

ZOS-Profis haben für ihre Utensilien einen eigenen Schuppen – oder eben einen Keller. Ich hatte bei der Planung des Grundrisses unseres neuen Hauses vorgeschlagen, doch wenigstens ein kleines ZOS-Zimmer einzuplanen, in dem ich meine Trümmersachen lagern könnte. Mein Mann sah mich daraufhin durchdringend an und sagte, wenn es dazu käme, würde er im Gegenzug seine alte Eisenbahn aus dem Keller seiner Mutter holen und in einem eigens dafür gebauten Zimmer aufbauen. Damit hatte sich die Sache erledigt.

Ich war durch Zufall auf ZOS gestoßen: Eine Bekannte hatte mir von einer Trainerin erzählt, die in einem Jugendzentrum ganz in der Nähe Kurse anbot, abends und nach Feierabend, was auch zeitlich perfekt passte. Die Frauen in meiner ZOS-Gruppe – denn natürlich waren auch hier überwiegend Frauen – waren nett, gesellig und lustig, und anders als im *Obedience* herrschte keinerlei Leistungsdruck. Alle zossten aus Spaß, die Stimmung war gut, zu Weihnachten gingen wir schick essen, nicht um Erfolge zu feiern, sondern einfach, weil es zusammen nett war. Zwar hatte die Trainerin immer mal erwähnt, dass es auch Wettkämpfe gäbe, aber das zog anfangs keine von uns in Betracht.

Fee verstand beim ZOS schnell, was ihre Aufgabe war, und mir ging das Herz auf, wenn ich sah, wie mutig sie dabei zu Werke ging. Sie suchte konzentriert und unerschütterlich, hörbar alles abschnüffelnd, bis sie ihren Gegenstand gefunden hatte, ihr Feuerzeug, ihren Radiergummi oder ein Stück Korken. Dann warf sie sich davor auf den Boden und klebte förmlich mit ihrer Nase daran, die Augen fest auf die Geruchsquelle gerichtet, stolz mit der Rute auf den Boden klopfend. Genau so sollte es sein. Fee hatte Talent.

Das Problem mit talentierten Hunden ist, dass man beginnt, sie zu fördern. Und so hat sich das ZOS im Laufe der Jahre auf eine Weise in meinem Leben etabliert, über die ich selbst manchmal staune. Ich staune über die Eimer, die inzwischen in meinem Zimmer stehen – mein Mann hatte keine Lust mehr auf die Herumräumerei –, und nun grüßt mich, wenn ich an meinem Schreibtisch sitze und aufsehe, von einem Senfeimer eine Wurst mit gelüpftem Hut.

Und ich staune über meine eigene Leidensbereitschaft. Fee hat inzwischen zwei Deutsche Meisterschaften bestanden, und wir bereiten uns gerade auf die nächste vor. Sie findet mittlerweile nicht einfach nur ihren Gegenstand, sondern kann ihn auch von anderen unterscheiden. Um ihr das beizubringen, habe ich ein Jahr lang fast jeden Tag mit ihr trainiert, meistens früh morgens vor der Arbeit, sogar noch vor dem Zähneputzen. Noch schwieriger war es, sie daran zu gewöhnen, dass im Suchfeld manchmal Futter liegt, Hasenohren, Pansen, Kochschinken, Käse, eine frische Wurst vom Grill. Die Hunde sollen lernen, das Futter zu ignorieren und sich ganz auf ihre Aufgabe zu konzentrieren, so, wie es für einen ordentlichen Drogenhund nichts Wichtigeres gibt, als seiner Koksspur zu folgen. Die meisten Hunde schaffen das irgendwann. Nicht Fee. Riecht sie Fleisch, will sie es auch fressen. Klaut sie es und meckere ich sie deswegen an, ist sie so verunsichert, dass sie nicht weitersuchen will.

Ich habe ein halbes Jahr lang fast jeden Tag versucht, ihr den Futterstress zu nehmen. Ich legte Pansen außerhalb des Suchfeldes und rückte es langsam, jeden Tag drei Zentimeter, an das Feld heran. Die Aktion dauerte von Oktober bis Weihnachten, und als der Pansen an Silvester in ihrem Trümmerfeld ankam, machte Fee auf dem Absatz kehrt und verweigerte die Arbeit, weil sie das Dilemma, suchen und zugleich fressen zu wollen, nicht aushalten kann. Der Futter-Geruch vernebelt ihr in einem Maße die Sinne, dass es ihr unmöglich ist, sich auf ihre eigentliche Aufgabe zu konzentrieren.

Und trotzdem liebt Fee das ZOS-Training, an guten Tagen schafft sie es sogar, ein tapferer kleiner Hund zu sein und mutig allen Versuchungen zum Trotz ihre Sucharbeit freudig und mit Leidenschaft zu verrichten.

Ich glaube, Leidensbereitschaft gehört zum Hundesport dazu, gerade, wenn man einen unsicheren, aber hoch motivierten Hund hat. So ist es auch beim *Obedience*. Fee ist jedes Mal überglücklich, wenn wir zum Hundeplatz fahren, sie liebt die Leute, die anderen Hunde, die Übungen, aber sie kann, wie so häufig in ihrem Leben, dabei ihre Emotionen nicht ausreichend regulieren. Sie ist zu aufgeregt und übermotiviert, und je anspruchsvoller die Übungen werden, desto aufgelöster und triebiger wird sie. Sie fiept, wenn sie neben mir Fuß geht, und sie bellt, wenn ich sie voranschicke (wenn sie zum Beispiel eine Pylone umrunden oder ein Bringholz apportieren soll), was natürlich laut Reglement streng verboten ist. Von den fünf Punkten, die man bei einer Prüfung pro Übung bekommen muss, um sie zu bestehen, gehen deshalb immer wieder automatisch zwei verloren.

Es gilt unter Hütehund-Besitzern als *Mission Impossible*, einen bellfreudigen Hund bei so etwas Aufregendem wie einer tollen Apportier- oder Laufübung zur Ruhe zu bringen. Man erntet viel Trost, wenn man mit einem Beller arbeitet, aber kaum jemand hat ein gutes Rezept dagegen. Am aussichtsreichsten ist es normalerweise, beim ersten Fiepen des Hundes das Training konsequent abbrechen und ihn für eine Viertelstunde Auszeit ins Auto zu bringen, damit er lernt, dass er nur Spaß hat, wenn er still ist. Einen langen, warmen Sommer lang pendelte ich zwischen Hundeplatz und Parkplatz. Der Erfolg: nicht messbar. War Fee wieder bei der Arbeit, bellte sie erleichtert.

Obwohl ich die Startberechtigung für die höchste der vier *Obedience*-Klassen hatte, traute ich mich lange mit dem bellenden Hund auf keinen Wettkampf. Die Starter in der höchsten Klasse wollen Punkte für Meisterschaften und Bundessiegerprüfungen sammeln, die Stimmung ist entsprechend angespannt, und anders als im ZOS wird über Teams, die keine Perfektion zeigen, im Publikum auch mal schlecht geredet.

Aber Fee konnte alle Übungen, und ich fand es langweilig, ohne Ziel zu trainieren, also starteten wir doch. Ich glaube, sie spürte, dass ich nervös war, und das steigerte ihre Unsicherheit noch. Die Harmonie in der Zusammenarbeit zwischen Mensch und Hund, die mich vor Jahren am *Obedience* fasziniert hatte und die in den unteren Klassen auch zwischen uns vorhanden war, gab es nun nicht mehr. Wir bestanden, aber, wie ich fand, mehr schlecht als recht. Ich fühlte mich wie ein Fußballer mit Bänderriss: Ich musste einsehen, dass meine Karriere in diesem Punkt an ihre Grenzen stieß.

Meine Trainerin Sigrid macht mir noch immer Mut, sie sagt: »Geh auf Prüfungen, präsentiere deinen Hund mit Stolz, zeig, was er kann, und nimm das Bellen hin.« Sich unter Perfektionisten mit einem hörbar unperfekten Hund zu präsentieren, wäre wahre Größe, ich weiß, aber die habe ich nicht. Lieber hoffe ich auf das große Bell-Wunder oder die Gnade einer neuen Prüfungsordnung, die bellfreudigen Rassen das Bellen zumindest ein bisschen erlaubt.

20.
NOCH EIN HUND?

Das Haus war gebaut, die Hunde perfekt aufeinander eingespielt. Fee war fünf, so alt, wie Sam gewesen war, als wir sie zu uns genommen hatten. Manchmal, wenn ich mit den Hunden spazieren ging, kam mir alles unglaublich leicht vor. Fee lief an ihrer inneren Leine vor mir her, Sam wie immer hinter mir. Alle drei hatten wir unseren Platz gefunden. Ging Fee zu sehr ihre eigenen Wege, musste ich nur kurz stehen bleiben, mich räuspern oder mit dem Zeigefinger auf sie zeigen und mahnend blicken, und sie kam anstandslos zurück.

Also begann ich, über einen dritten Hund nachzudenken.

Mein Mann war strikt dagegen. Wann immer ich die Möglichkeit ansprach, einen Welpen dazuzuholen, winkte er ab, und je mehr er abwinkte, desto einmaliger fand ich den Zeitpunkt, um das Rudel zu erweitern. Sam war neun, fast zehn, in einem höheren Alter wollte ich ihm keinen Welpen zumuten. Deshalb drängte aus meiner Sicht die Zeit. Auch, weil ich mir wünschte, dass der kleine Hund noch unter dem Einfluss von Sams Gelassenheit groß werden könne. Sams Ruhe wäre für den Kleinen ein guter Kontrast zu Fees Hektik-Attacken. Und Fee, da war ich mir sicher, würde den Zwerg unter ihre Fittiche nehmen, sie war reizend mit Welpen.

Aber mein Mann wollte nicht. Er fand es schon viel Arbeit, mit zwei Collies zu leben, schließlich war ich weiterhin viel auf Reisen, und er musste in dieser Zeit die Hunde allein versorgen. Und wie ich zugeben musste, hatte er ja recht: Zwei Hunde verdoppeln die Arbeit, drei verdreifachen sie. Ausbildung, Fellpflege, Putzen, das alltägliche sich kümmern, all das würde statt der durchschnittlich drei bis vier Stunden am Tag, in denen wir uns mit den Hunden beschäftigten, auf vier bis fünf anwachsen. Und wahrscheinlich wäre immer gerade einer im Fellwechsel, was die Wohnung schon bei einem Hund mit üppiger Unterwolle mit Wollwolken überzieht.

Mein Mann hatte auch einfach keine Sehnsucht danach, mit einem größeren Rudel zu leben, und er fürchtete, dass ich mit einem weiteren Hund noch mehr unserer gemeinsamen Zeit auf Hundeplätzen verbringen würde, was unserer Beziehung, in der sich aus seiner Sicht ohnehin schon viel zu viel um die Hunde drehte, nicht eben zuträglich sein würde. Auch diese Sorge war nicht unberechtigt. Natürlich war es mein Ehrgeiz, dass der neue Hund von Anfang an in den Hundesportarten, die ich mit Sam und Fee betrieb, aufgebaut werden sollte, und das würde zusätzliche Zeit kosten, denn ich würde mit Fee weitertrainieren, und auch Sam war noch aktiv.

Die Vernunft sprach dagegen, aber etwas zu wollen heißt eben auch, die Wahrheit zu verdrängen. Ich sprach das Thema immer wieder an, nicht bittend, eher in Form kleiner Hinweise, wie viel Lust ich doch hätte, wieder einen Welpen zu erziehen, und dass bei Züchter XY gerade eine Traumverpaarung anstehe. Bis mein Mann eines Abends beim Abendbrot die Käsestulle aus der Hand legte, mich ernst ansah und sagte: »Definitiv, ich will keinen weiteren Hund, lass es gut sein.« Tatsächlich würde es ihm auch genügen, mit einem Hund zu leben.

Ich denke, so wie ich fühlen sich Frauen, deren Männer kein drittes Kind wollen, nur, dass sie immer noch die Möglichkeit haben, ihm eines unterzujubeln. Ich aber konnte nicht einfach heimlich die Pille absetzen, einen Welpen bringt der Klapperstorch nicht.

Es gibt keine Kompromisse in so einer Situation. Es gibt nur die Akzeptanz der einen oder der anderen Haltung. Und da ich es unverantwortlich fände, einen Hund gegen den erklärten Willen des Partners anzuschaffen, heulte ich mich bei meinen Freundinnen aus. Einige rieten mir, meinen Mann mit der Aussicht auf sehr viel Sex zu überzeugen, aber das, denke ich, würde nichts an seiner eigentlichen Ablehnung ändern. Die meisten meinten, dass ich mich schon freuen könne, dass mein Mann dem zweiten Hund zugestimmt habe, der ja doch vor allem mein Projekt gewesen war. Ich nickte, sie hatten ja recht, und schaute dennoch trotzig weiterhin Züchterseiten an.

Im Mai 2016, an einem Dienstag, kam ich von der Arbeit, und an der Tür begrüßte mich kein Hund. Ich ging ins Wohnzimmer, Sam wedelte verhalten, und dann sah ich Fee. Wie sie versuchte aufzustehen, aber sofort wieder umfiel. Sie konnte sich keinen Meter bewegen, nicht gehen, nicht stehen, sie war gelähmt. Ihr Atem ging schleppend, in ihren Augen stand blanke Angst. Ich rief nach meinem Mann, der kam, sah, was los war, und Fee sofort auf den Arm hob. Wir griffen uns Sam, rannten zum Auto, und während ich Fee auf dem Rücksitz neben mich legte, ohne dass sie irgendwie erkennbar reagierte, sprach mein Mann unter Tränen das aus, was ich nicht hören wollte: »Ich glaube, sie stirbt.«

Wir kamen in der Tierklinik sofort an die Reihe. Die Ärztin hängte Fee an einen Tropf, testete ihre Reflexe, aber da waren keine. Sie tastete sie ab, fand aber außer eines geblähten Bauchs, der uns auch schon aufgefallen war, nichts. Sie rasierte die Haare an Fees Bauch, sie ließ alles mit einem verzweifelten, aber auch, so kam es mir vor, vertrauensvollen Blick zu uns geschehen. Der Ultraschall bestätigte, dass der Bauch voller Luft war, aber die Ursache war nicht zu erkennen.

Die Ärztin konnte nichts für Fee tun. Sie vermutete eine Vergiftung. Die Hunde waren am Nachmittag mit meinem Mann in dem Park gewesen, in dem sie fast jeden Tag sind, danach hatten sie gefressen, alles war ganz normal gewesen, Fee hatte zwei, drei Stunden auf ihrer Decke gelegen, und mein Mann hatte gearbeitet und nicht mehr nach den Hunden gesehen. Vielleicht, sagte die Ärztin, hat sie im Gebüsch Cannabisreste gefunden und gefressen, oder einen Kaugummi mit Saccharin, der Zuckerersatzstoff ist toxisch für Hunde, und die totale Lähmung deutete auf etwas hin, das direkt aufs zentrale Nervensystem wirkte.

Fee hing die halbe Nacht am Tropf, dann zeigte sie erste Reaktionen; als wir sie auf den Boden setzten, konnte sie sich in einer Art Kriechgang bewegen. Das sei ein gutes Zeichen, sagte die Ärztin, sie riet uns, mit Fee nach Hause zu fahren und wiederzukommen, wenn sich ihr Zustand verschlechterte. Wenn sie die Nacht überleben würde, hätte sie gute Chancen.

Ich habe diese Nacht neben meinem Hund verbracht, an ihrer Seite, so, als könnte ich mit meinem Körper den Tod abwehren, wenn er käme. Ich lag da, spürte ihren Atem, ihr langsames Herz. Ich fühlte, wie verbunden wir waren, und dass ich sie anders, aber genauso liebte wie Sam. Unser gemeinsamer Weg war aufreibend gewesen, aber Fee hatte eine Unschuld, ein mädchenhaftes Wesen, eine kleine, sehr feine, erschütterbare Seele, die ich, so pathetisch das klingt, erst in diesem Moment wirklich annehmen konnte.

Ich legte meine Hand auf ihren Bauch, in dem es rumorte, während Fee ihren Kampf kämpfte. Sie hatte von Anfang an gewusst, dass sie Nummer zwei war, weil ganz oben auf dem Treppchen immer schon Sam gestanden hatte. Sie hatte es akzeptiert und sich arrangiert, sie hatte nicht versucht, uns zu erobern, sie hatte sich einfach in ihre Nische begeben und uns und die Welt von dort aus beobachtet und das Beste daraus gemacht. Und jetzt, da ich nicht wusste, ob sie überleben würde, ging mir das alles durch den Kopf, und ich wünschte mir nichts mehr, als dass sie bei uns bliebe.

In dieser Nacht ist in der Tierklink ein Hund an ähnlichen Symptomen gestorben und ein weiterer am Tag darauf, nachdem er entlassen worden war. Fee hat es geschafft. Sie konnte am nächsten Morgen auf wackligen Beinen ein paar Schritte gehen, dann ging es stetig aufwärts. Nach einer Woche war sie wieder die alte, schaute den Kaninchen hinterher und pflügte begeistert durch die besonders schönen Trümmerfelder, die ich ihr baute. Was für ein Gift es war, haben wir nie erfahren, und wo sie es gefressen hat, auch nicht.

Von da an habe ich nicht mehr an einen dritten Hund gedacht. Ich war so voller Dankbarkeit, dass uns Fee geblieben war, und fühlte mich mit meinen zwei Hunden reich genug beschenkt.

Sam ist gealtert in letzter Zeit, er hatte sein Leben lang nie gesundheitliche Probleme, aber dafür kamen sie schließlich geballt. Seine Schilddrüsenwerte sackten plötzlich ab, wir merkten es daran, dass er schnell schlapp machte und ihm das Fell ausging, vor allem an der Rute, die so dünn ist, dass man den Wirbel sehen kann. Dann infizierte er sich mit einem multiresistenten Keim, den er monatelang nicht loswurde. Bei einer Zahnreinigung entdeckte die Tierärztin eine Mandelentzündung, als ihm die Mandeln entfernt werden sollten, stellte sich heraus, dass der Kehlkopf chronisch entzündet ist. Sam muss täglich mit Cortison inhalieren, wie eine asthmakranke Katze, er schiebt dafür seinen Collie-Rüssel in den Trichter eines Katzen-Inhalators und nimmt ein paar tiefe Züge, er tut es gottergeben. Es hilft dem Hals, aber zugleich verträgt er das Cortison nicht, seine Muskeln bauen ab, und er kann seit zwei Jahren sein Fell nicht mehr wechseln. Was ausfällt, ist weg, neues wächst nicht nach. Seine kahlen Stellen am Nacken toupiere ich kunstvoll über, doch bei Regen bricht die Frisur in sich zusammen.

All das hat ihn geschwächt, seine Kondition lässt nach, seine Augen werden trüber, und er geht wie ein alter Mensch, ein bisschen krumm und geduckt. Er kommt manchmal nicht mehr so flott hoch, und wenn er bellen will, kommt wegen der Kehlkopfentzündung nur noch ein Krächzen, aber das stört ihn nicht; wenn Kalle am Haus vorbeiläuft, schlägt er trotzdem Alarm, die Geste zählt.

Früher habe ich manchmal bei ihm an seinem Schlauchboot gesessen und ihm leise ins Ohr gesagt, dass er mich nie verlassen darf, dass er für immer bei mir bleiben soll. Das tue ich jetzt nicht mehr. Ich möchte, dass er spürt, dass er gehen darf, wenn es so weit ist.

Aber noch ist es nicht so weit. Noch lange nicht. Auch wenn ich furchtbare Angst davor habe und mich oft erschrecke, wenn ich ihn ansehe, die weiße Schnauze, die weiß umrandeten Augen, und ich die alte Vitalität einfach nicht mehr finden kann, doch dann kommt immer wieder seine Komik durch. Er bringt noch immer die Menschen zum Lachen, mit seiner Zutraulichkeit und seinem Charme, mit dem er wirklich jedem ein Stück Futter entlockt. Wir gehen auch noch auf Turniere, dann blüht er auf, er liebt es noch immer, sich zu zeigen. Vom *Obedience* haben wir auf das viel weniger komplexe *Rallye Obedience* gewechselt, das aus einer langen Fußfolge besteht. In diesem Jahr starten wir zum ersten Mal in der Seniorenklasse, weil seine Wendigkeit nachlässt; er schafft es nicht mehr, elegant an meiner Seite eine Linksdrehung zu vollführen, was sonst seine Paradeübung war, und wenn ein Sitz verlangt ist, fehlt ihm die Kraft, sich kontrolliert hinzusetzen, stattdessen geht er einen Schritt zurück und lässt sich auf die Hinterachse plumpsen.

Er schläft recht viel, mit einer Gelassenheit, die sagt: Ich weiß, dass sich die Welt weiterdreht, ich muss nicht mehr bei allem dabei sein, ich kann, wenn ich will, aber jetzt will ich nicht. Es macht auch mich ruhiger, ich weiß, es geht ihm gut, wenn er döst, aber wenn ich die Leine hole, dann rappelt er sich auf und will auf jeden Fall mitkommen, noch lässt er sich keinen Spaziergang entgehen, außerdem muss er ja sicherstellen, dass Fee nicht zu viel Unsinn macht. Noch immer stupst sie ihn kurz an, bevor wir das Haus verlassen, so hat sie es ihr Leben lang gemacht, eine kleine Geste, in der sie sich versichert, dass er da ist und ihr zur Seite steht.

ANHANG

FÜNF MYTHEN ÜBER DAS LEBEN MIT ZWEI HUNDEN – UND WORAUF ES WIRKLICH ANKOMMT

1. Mythos: Zwei sind sich Gesellschaft genug

Der Gedanke ist weit verbreitet: Wenn ein zweiter Hund ins Haus kommt, ist der erste nicht mehr so allein. Die beiden haben sich zur Gesellschaft und können die Zeit, in der ihre Leute außer Haus sind, gemeinsam viel besser überbrücken. Oft ist die Entscheidung für den zweiten Hund mit der Hoffnung auf Entlastung verbunden; viele denken, dass sie sich sogar weniger um die Hunde kümmern müssen, wenn sie zwei oder mehrere haben.

Stimmt nicht: Wie kann auch ein Mehr an Hund zu einem Weniger an Aufwand führen? Zwei Hunde holen nicht die Spielkarten heraus, wenn ihre Besitzer sie allein lassen, und schlagen die Zeit mit einer Partie Skat tot. Sie liegen herum und warten. Und es ist egal, ob sie dabei allein oder zu mehreren sind: Hunde wollen mit ihren Menschen zusammenleben, dieses Bedürfnis hat sich bei ihnen in Tausenden von Jahren evolutionär herausgebildet, nur deshalb sind sie heute, was sie sind – Sozialpartner ihrer Menschen. Sie mögen den Verband mit anderen Hunden, aber zentral ist für sie ihr Mensch. Ist er fort, bleibt der Hund im Wartemodus zurück.

Im schlimmsten Fall stacheln sich zwei Hunde sogar gegenseitig auf. Kann der eine das Alleinsein – sei es aus Sehnsucht, aus Verlustangst oder aus der Panik heraus, seine Leute da draußen nicht kontrollieren zu können – schlecht ertragen, wird sich das auf den anderen übertragen. Ein Hund, der an der Tür bellt, jaulend sein Rudel ruft oder aus Langeweile den Mülleimer zerlegt, wird den anderen entweder stressen oder zum Mitmachen animieren.

Deshalb: Niemals einen Hund als Nanny anschaffen. Wenn man einen Zweithund ins Haus holt, muss schon der Wunsch dahinterstecken, sein Leben um einen weiteren Hund zu erweitern, sich ihm widmen, ihm seine Zeit schenken zu wollen. Und ja, wenn alles gut läuft, kann man die beiden Hunde nach der Eingewöhnung mit gutem Gewissen allein lassen, gerade so lange, wie man es auch bei einem Einzelhund täte.

2. Mythos: Zwei Hunde verdoppeln das Glück

Es ist toll zu spüren, wie schön das Leben mit Hund ist. Und es ist ein sehr nachvollziehbarer Impuls, dieses Glück durch einen zweiten Hund erweitern zu wollen. Die Versuchung ist groß, im Geiste das Schöne zu potenzieren und dabei Bedenken beiseite zu schieben. Denn was kann herrlicher sein, als seinen Hund fröhlich durch den Wald laufen zu sehen? Genau: Zwei Hunde fröhlich durch den Wald laufen zu sehen.

Stimmt nicht: Jedenfalls dann nicht, wenn man darunter versteht, problemlos eine doppelt so intensive Beziehung zu haben. Das Leben mit zwei Hunden ist zwar in vielerlei Hinsicht sehr intensiv, aber die Zweisamkeit mit dem Ersthund, das beglückende Gefühl, mit ihm ein sehr enges emotionales Bündnis eingegangen zu sein und ihn als Zentrum im Leben zu empfinden, geht mit dem zweiten unwiederbringlich verloren. Ein zweiter Hund verschiebt das Gefüge der Beziehungen, der erste bekommt zwangsläufig weniger Beachtung und verändert sich deshalb. Einige Hunde kommen nach einer Gewöhnungszeit gut damit klar, tatsächlich können sich die meisten Hunde anpassen. Andere leiden jahrelang.

In der Folge kommt zur veränderten Dynamik das eigene schlechte Gewissen, seinen geliebten Ersthund in eine Krise gestürzt zu haben oder ihm zumindest Zeit und Aufmerksamkeit zu entziehen, die früher ungeteilt ihm galten.

Deshalb: Erwartungen runter, vor allem im ersten Jahr. Untersuchungen zu den Gefühlslagen junger Eltern, die das zweite Kind bekommen haben, belegen, dass das zweite Kind nicht automatisch glücklicher macht – mit Hunden ist es ähnlich. Zwei Hunde machen anders froh, denn sie erweitern das Spektrum ihrer Menschen, sie machen sie kompetenter, sie nuancieren die Beziehungen, weil jeder Hund etwas anderes mitbringt und sich auch der Mensch im Umgang mit jedem Hund anders austarieren muss. Glück addiert sich nicht. Aber es ist ausbaubar.

3. Mythos: Kumpelfaktor garantiert!

Wenn ich einen Hund will, dann zieht der Alte schon mit. Weil Hunde ja so gesellig sind und es in ihnen angelegt ist, im Rudel leben zu wollen. Denkt man. Und glaubt, man tut seinem Hund einen Gefallen, wenn man ihm einen Hundekumpel dazuholt. Gerade für einen Senioren könnte der neue Hund doch wie ein Jungbrunnen wirken, und der alte könnte dem jungen sogar noch etwas von seiner Lebensweisheit mit auf den Weg geben.

Stimmt nicht: Ein Hund, der jahrelang allein gelebt hat, wird sich wie vom Thron gestoßen fühlen, wenn neben ihm auf einmal ein kleiner Kronprinz auftaucht. Ob Welpe oder – noch schwieriger – erwachsener Hund: Ab jetzt muss der alte alles teilen. Nur weil er in Hundegruppen und bei Hundebesuch in den eigenen vier Wänden freundlich mit jedem Vierbeiner umgeht, heißt das noch nicht, dass er auch mit einem anderen leben möchte. Besonders ein älterer Hund hat nicht unbedingt Lust darauf, sich von einem frechen Welpen schikanieren zu lassen. Die Idee, seinen Frischling von seinem geliebten Althund zurechtstutzen zu lassen, um auf diese Weise den alten in dem jungen fortleben zu lassen, ist so nachvollziehbar wie romantisch – aus Sicht des Menschen. Der Senior dagegen kennt nicht die Sorge um sein Erbe, ihm ist es egal, ob er etwas weitergibt oder nicht.

Deshalb: Es ist wichtig, die Zweithund-Entscheidung nicht nur für sich allein zu treffen, aus der eigenen Perspektive, sondern auch, indem man sich die Bedürfnisse des vorhandenen Hundes vor Augen führt. Ist er nur freundlich mit anderen oder wirklich tiefenentspannt? Kann er es leiden, wenn seine Leute andere Hunde kraulen? Wie reagiert er auf vierbeinige Übernachtungsgäste, zieht er sich nach ein paar Tagen eher zurück oder blüht er auf? All das kann Hinweise liefern. Ansonsten gilt die Faustregel, dass ein Hund nicht älter als acht sein sollte, wenn ein neuer dazukommt, weil er dann noch fit genug ist, um mit dem Jüngeren mitzuhalten.

4. Mythos: Der Zweite erzieht sich von allein

Der zweite Hund macht in der Erziehung weniger Mühe, da ja schon einer ist, von dem er sich abschauen kann, wie's läuft. Wenn Luna sieht, was Bruno nicht darf, dann wir sie es auch nicht tun. Und da Hunde ja dieselbe Sprache sprechen, ist die Erziehung des Juniors fast ein Selbstläufer.

Stimmt nicht: Es ist sogar schwieriger, einen zweiten Hund zu erziehen als den ersten, eben weil sich der Junghund so einiges beim Senior abguckt. Denn, mal ganz ehrlich – mit welchem Ersthund läuft es schon rundum perfekt? Oft haben wir uns einfach daran gewöhnt, dass der Alte im Wald seine Jagdschleifen dreht, weil er ja danach immer zuverlässig zurückkommt. Und wir haben beschlossen, das Gekläffe an der Tür als wehrhaften Einsatz gegen Einbrecher umzudeuten und deshalb in Ordnung zu finden, weil wir keine Lust mehr haben, den Hund bei jedem Türklingeln auf die Decke zu schicken, wo er dann doch nicht bleibt. Für den jungen Hund sind diese Verhaltensweisen die maximale Verführung: Jagen, Kläffen, Mobben, Essen klauen, all das sind Dinge, die sich Nummer zwei sofort abguckt. Es entwickeln sich negative Dynamiken, ein gegenseitiges Anstacheln und Aufputschen, das nur schwer zu durchbrechen ist. Dazu kommt, dass man auf Spaziergängen nicht so gut auf zwei Hunde einwirken kann wie auf einen allein. Man hat einfach keine Hand mehr frei.

Deshalb: Auch wenn der Hund aus dem Tierschutz noch so schutzbedürftig wirkt oder beim Züchter ein Welpe genau in der Farbe, die man immer wollte, liegt: Der erste Hund muss erst richtig gut erzogen sein, und man muss sich in jeder Situation sicher mit ihm fühlen, bevor man sich über einen zweiten Hund Gedanken macht. Zwei Rüpel an der Leine oder zwei Jäger im Freilauf sind reiner Stress und ganz sicher nicht die Art Bereicherung, die man sich von einem Zweithund versprochen hat. Außerdem muss man von sich als Boss ein klares Bild haben: Mit zwei und mehr Hunden geht man nicht mehr einfach nur spazieren, man muss seine Rolle als Rudelführer tatsächlich ausfüllen. Ganz wichtig ist es, mit dem Neuen viel allein unterwegs zu sein. Denn er soll lernen, sich an seinem Menschen zu orientieren, nicht an seinem tierischen Mitbewohner.

5. Mythos: Der zweite Hund läuft so mit

Man weiß ja schon alles: was für Impfungen der Hund braucht, was man füttern will, wo sich die nächste Hundeschule befindet und welche Hundepension für den Urlaub infrage kommt, man kennt die guten Ratschläge der anderen Hundeleute und welche davon unnütz sind. Das Welpengeschirr von Balou kann Sunny auch auftragen. Vor allem aber weiß man schon, wie Erziehung geht. Und Gassi gehen muss man sowieso jeden Tag, ob nun mit einem oder zwei Hunden.

Stimmt nicht: Neuer Hund, neue Bedürfnisse. Alles kann beim Zweithund anders und neu sein: mentale Ausstattung, Gesundheit – gerade bei Tierschutzhunden, deren Geschichte man nicht kennt –, soziales Verhalten, Fähigkeiten, Lebenstempo, die Art, wie man mit ihm umgehen muss. Der zweite Hund verlangt seinen Menschen wenn nicht die doppelte, aber auf jeden Fall deutlich mehr Zeit ab, schon bei den alltäglichsten Dingen, denn jeder Handgriff muss jetzt zwei Mal ausgeführt werden: Futter zubereiten, Pfoten abwischen, Fell abtrocknen, Dreck wegfegen. (Das gilt natürlich auch für die schönen Dinge: kraulen, Spiele spielen, bürsten.) Dazu kommt, zumindest am Anfang, eine Verdopplung der Zeit für Spaziergänge, damit beide Hunde auch allein mit ihrem Menschen unterwegs sein können. Die meiste Zeit kostet die Erziehung des Neuzugangs, man beginnt wieder bei null und steht womöglich vor ganz neuen, unbekannten Herausforderungen. Und auch finanziell machen sich zwei Hunde bemerkbar, denn alles, wirklich alles – Steuern, Versicherung, Futter, Tierarzt, Training, der Hundeaufschlag für die Übernachtung im Hotel – kostet jetzt das Doppelte. Und die Urlaubsoptionen dezimieren sich, denn selbst in hundefreundlichen Ferienhäusern ist oft nur ein Hund gestattet. Und wer nimmt einem in den Sommerferien gleich ein ganzes Rudel ab?

Deshalb: Vorher klären, wohin mit den Hunden im Urlaub. Mit der Familie absprechen, ob alle bereit sind, sich der Doppelbelastung zu stellen. Und mit sich selbst ins Gericht gehen: Was sind meine wahren Motive, will ich womöglich nur in der Hundeszene ernster genommen werden, weil ich mehrere Hunde habe? Habe ich das Geld für einen zweiten Hund? Die Zeit? Bin ich bereit, mein Leben noch intensiver auf die Hunde zu fokussieren? Wenn ich diese Fragen mit einem klaren Ja beantworten kann, dann steht einem spannenden, glücklichen, erfüllten, ganz neuen Leben mit zwei Hunden nichts im Weg.

Denn nichts ist so faszinierend, wie die Kommunikation zwischen Hunden zu beobachten und zu ergründen. Nichts macht einen Hundehalter so schnell zu einem kompetenten Hundeführer, einfach, weil er ab jetzt sein Rudel anleiten muss, damit das Zusammenleben klappt. Nichts macht so glücklich, wie am Morgen von zwei Hunden begrüßt zu werden, die sich auf den Tag freuen; zu sehen, wie sie ihre Spaziergänge genießen und miteinander herumtollen, und zu beiden eine starke, wenn auch ganz unterschiedliche Verbindung zu spüren. Und vielleicht macht am allerglücklichsten, in zwei Augenpaare zu schauen und in jedem ein Wesen zu erkennen, das zu einem gehört.

WELCHER ZWEITHUND PASST ZU MIR?

Sind alle Mythen entzaubert und die Voraussetzungen für die Anschaffung des Zweithundes abgeklärt, bleibt die Frage, welcher Hund nun tatsächlich am allerbesten ins Rudel und zu einem selbst passt, vor allem, wenn es ein Hund anderer Rasse sein soll. Ein Chow Chow mit seiner niedlichen Knautschnase? Besser nicht, Chow Chows sind ziemlich stur und am liebsten für sich. Ein Setter? Nur, wenn man sich ganz sicher ist, dass er den Ersthund nicht zum Jagen verführen wird. Eine Afghane, die man immer wollte, der Eleganz und Schönheit wegen? Vorsicht, Afghanen sind schon als Einzelhund wegen ihres Bewegungsdrangs und ihrer Exzentrik so anstrengend, dass sie jeden Rudelkumpanen in den Burnout treiben würden.

Man muss sich bei der Zweithundwahl also sehr genau überlegen, auf welchen Hundetyp man sich einstellen will – und sich klarmachen, dass es nicht nur um die eigenen Ansprüche geht, sondern auch um die des schon vorhandenen Hundes. Vor allem im Hinblick auf ihn muss der Mensch entscheiden.

Die Kriterien für die Wahl des zweiten Hundes sind deshalb grundlegend andere als bei der Entscheidung für den ersten Hund. Denn jetzt geht es nicht nur darum, ob der Hund der Persönlichkeit seines Menschen entspricht, sondern nun steht die Frage im Vordergrund: Welches Rudel wünsche ich mir? Wie soll es in Zukunft zu Hause laufen, wie das Zusammenspiel sein? Bin ich bereit, dauerhaft zu führen, einzugreifen und zu ordnen, oder möchte ich ein maximal harmonisches Hundeteam, das nach innen wie nach außen, also auch im Kontakt mit anderen Hunden, defensiv auftritt? Soll der zweite Hund das Team um etwas Neues ergänzen oder in dem, was es schon ist, bereichern?

Tatsächlich ist es unmöglich vorherzusagen, wie sich zwei Hunde miteinander verstehen werden. Dennoch gibt es Anhaltspunkte, die man bei der Entscheidung für den Kauf eines gezüchteten Hundes oder bei der Aufnahme eines Hundes aus dem Tierschutz berücksichtigen sollte.

Generell gilt: Die Anschaffung sollte nicht spontan oder emotional erfolgen. Das ist schon bei der Ersthundwahl nicht ratsam, beim zweiten Hund aber sollte man noch genauer abwägen und versuchen, den neuen Hund vorher möglichst gut kennenzulernen. Stammt er aus dem Tierschutz, können gemeinsame Spaziergänge dafür sorgen, dass sich beide Hunde erst einmal beschnüffeln können. Kommen die beiden dabei gut miteinander aus, toben sie zusammen und behandeln sich fair, erhöht das die Chancen, dass sich der neue Hund reibungslos ins Rudel integrieren kann.

Schwieriger ist das bei einem Welpen. Zwar ist es ein Vorteil, wenn der kleine Hund von Anbeginn an lernt, dass er nicht allein ist, die Fürsorge des Menschen teilen muss, und dass es einen erwachsenen Hund gibt, der ihn gelegentlich in die Schranken weist. Für den älteren Hund kann der Junghund aber zur Nervenprobe werden und das dann zur Belastung für Tier und Mensch führen.

Am einfachsten ist es für Hund und Halter, wenn der neue Hund derselben Rasse angehört wie der bereits vorhandene. Der Mensch kennt dann bereits die rassebedingten Besonderheiten, er kennt die Bedürfnisse seiner Hunde, kann sie besser lesen, weiß, über wie viel Energie sie verfügen, wie sie spielen, was sie fressen, was ihnen Spaß macht, wie viel Bewegung sie brauchen, welcher Sport ihnen liegt. Zudem verstehen sich Hunde gleicher Rasse oft auch untereinander besser, weil sie sich körpersprachlich näher sind und ihnen die rudelinterne Kommunikation leichter fällt. Zwei Labradore können sich einfach besser verständigen als wenn ein Akita mit gedrehter Rute auf einen Basset trifft.

Bei Mixen oder Tierschutzhunden, bei denen man nicht weiß, welche Rassen darin verpaart sind, sollte man der Einschätzung des Tierheims oder der Pflegestelle vertrauen. Dort kann man nach ein paar Wochen mit dem Hund ziemlich genau sagen, ob er für die Mehrhundehaltung geeignet und ein Teamplayer ist. Nicht jeder Hund ist gleich sozial, manche Straßenhunde sind im Rudel gemobbt worden oder haben hart um Futter konkurriert – sie leben nach der Vermittlung lieber allein mit Menschen. Deshalb geben die Tierheime oder Agenturen auf ihren Internetseiten Kaufinteressenten Anhaltspunkte, wie verträglich der zu vermittelnde Hund ist. Weder beim Tierheim- noch beim Züchterbesuch sollte man sich für einen zweiten Hund entscheiden, um ihn zu retten oder weil er ganz besonders schutzbedürftig oder herzerweichend guckt!

Bei allem Abwägen sollte ein angehender Mehrhundehalter jedoch vor allem seinen eigenen Instinkten und seinem Gespür für die Bedürfnisse des Ersthundes vertrauen. Hat er selbst ein gutes Gefühl bei seinem potenziellen Neuankömmling und wünscht er ihn sich wirklich in seinem Rudel, ist das die beste Brücke, die er den beiden bauen kann.